RECUEIL

DE

TRAITÉS D'AGRICULTURE

ET D'HYGIÈNE

RECUEIL

DE

TRAITÉS D'AGRICULTURE

ET D'HYGIÈNE

A L'USAGE DES COLONS DE L'ALGÉRIE

PUBLIÉ

PAR ORDRE DU MINISTRE DE LA GUERRE

ALGER
IMPRIMERIE DU GOUVERNEMENT
1851

PRÉFACE

A diverses époques, il a été publié, soit par le Ministère de la Guerre, soit par quelques personnes qu'animait un zèle aussi éclairé que sincère pour la Colonie, des notices sur les principales cultures existant en Algérie, ou qui pouvaient y être introduites avec le plus d'avantage.

Les exemplaires de ces notices sont aujourd'hui fort rares, et il est difficile, pour ne pas dire impossible, de se les procurer. Les collections qui existent dans les archives des administrations civiles sont même épuisées. Cependant, l'utilité de ces documents est incontestable, et il était d'autant plus nécessaire de les publier de nouveau, que les cultures dont ils traitent, se sont étendues sur tous les points de l'Algérie, et que le nombre des colons, qui s'y adonnent, est plus considérable.

Par ces motifs, M. le Ministre de la Guerre a ordonné la réimpression de ces notices, au moins de toutes celles qui présentaient un véritable intérêt, en les réunissant en un volume, qui serait tiré à un assez grand nombre d'exemplaires, pour pouvoir être répartis entre les différentes administrations, les sociétés agricoles, et même être distribués aux principaux cultivateurs des trois provinces.

C'est ce qui vient d'être exécuté; mais, comme depuis l'époque où ces notices ont paru, l'expérience et la pratique ont dû modifier les opinions de leurs auteurs, elles ont été soumises à une révision attentive, dont M. Hardy, directeur de la Pépinière centrale, qui en avait fourni la plus grande partie, a été chargé par M. le Gouverneur-Général.

D'autres personnes ont bien voulu apporter à ce travail le contingent de leurs observations et de leurs lumières : nous citerons MM. les docteurs Martin et Foley, de Bernis, vétérinaire principal de l'armée d'Afrique, Roy, inspecteur de colonisation, Duranton, ancien chef de la mission des tabacs, enfin MM. les docteurs d'Oronzo et Brauwers.

Pour faciliter les recherches, on a placé, à la fin du volume, une table qui indique, avec des détails suffisants, les matières traitées dans ce recueil.

ALGER, LE 31 JUILLET 1851.

RECUEIL

DE

TRAITÉS D'AGRICULTURE

ET D'HYGIÈNE.

INSTRUCTION HYGIÉNIQUE.

DE L'ALGÉRIE, DE SON CLIMAT, DE SES MALADIES ET DES CAUSES QUI LES DÉTERMINENT.

L'Algérie est située au nord de l'Afrique; elle est peu distante du midi de la France; sa température rappelle celle de la Provence.

L'année, au lieu d'être partagée, comme en France, en quatre saisons distinctes, n'en présente que deux : l'une chaude, l'autre tempérée, qui, elle-même, se partage en humide et sèche. On pourrait donc, à la rigueur, compter en Algérie trois saisons : l'été, l'hiver et le printemps.

L'été débute au mois de juillet et finit avec septembre. En octobre commence la saison tempérée et humide, qui dure jusqu'à la fin de février. La saison tempérée sèche, ou le printemps, s'ouvre au mois de mars et dure jusqu'à la fin de juin.

Dans la saison tempérée humide, il peut se présenter quelques séries de beaux jours, semblables à ceux de notre printemps de France. La saison tempérée sèche s'accompagne quelquefois de jours pluvieux ; ceux-ci sont, en général , d'autant plus nombreux que les beaux jours ont été plus fréquents pendant la saison précédente.

Les pluies ne durent guère qu'une soixantaine de jours ; mais il en tombe alors une quantité presque **double de celle** qui s'observe à Paris pendant toute l'année.

En été, les nuits sont très-fraîches ; elles s'accompagnent d'abondantes rosées. Les plaines se couvrent de brouillards, que dissipent les premiers rayons du soleil.

En hiver, l'humidité est toujours très-forte dans l'air et sur le sol. La fin de l'été se fait remarquer par le règne assez fréquent d'un vent chaud (le *siroco*) très-incommode, et qui, venu du Désert, répand dans l'air une sécheresse extrême.

Pendant la saison tempérée, la végétation est des plus riches ; elle se flétrit sous l'influence des chaleurs ; mais elle renaît rapidement aux premières pluies.

L'aspect général du pays présente de hautes chaînes de montagnes coupées par des ravins ou par des plaines, dont plusieurs sont marécageuses. De ces chaînes, partent des contre-forts généralement parallèles entre eux, et séparés par des vallées souvent arrosées de cours d'eau.

Il n'y a point de grands fleuves en Algérie. Pendant l'hiver, les cours d'eau deviennent torrentueux, sortent de leur lit et se répandent dans les campagnes, dont ils inondent les parties basses. C'est vers cette époque qu'on aperçoit la neige sur les points les plus élevés, alors qu'elle séjourne à peine dans les vallées.

Le climat de l'Algérie est sain. L'inculture du sol et la présence des marais y sont les principales causes de maladies pour les Européens.

Les maladies, en Algérie, sont déterminées :

1° Par la chaleur prolongée que l'Européen n'est pas encore habitué à éprouver, mais à l'influence de laquelle il se fait vite ;

2° Par le froid humide et le brouillard des nuits, qui succèdent promptement à la chaleur du jour ;

3° Par les miasmes des marais, que le Gouvernement s'efforce chaque jour de faire disparaître ;

4° Par les exhalaisons qui s'échappent du sol quand on le remue pour la première fois après de longues années de repos.

La salubrité de cette contrée n'était pas, à beaucoup près, dans l'origine de l'occupation, ce qu'elle est aujourd'hui. Toutefois, quelles que soient les améliorations obtenues, les colons, pour se bien porter, devront s'assujétir, dans leur manière de vivre, à certaines règles qui, bien qu'elles ne paraissent pas toujours d'une grande importance, sont cependant d'une telle nécessité que, s'il les négligent, il leur sera impossible de conserver leur santé. Les affections les plus fréquentes en Algérie sont : la *diarrhée*, la *dyssenterie* et la *fièvre intermittente*. C'est pour les éviter qu'ils devront suivre exactement la présente instruction.

PRÉCAUTIONS HYGIÉNIQUES.

C'est en été qu'a lieu, en Afrique, le plus grand nombre des maladies ; c'est donc en vue de cette saison principalement qu'ont été rédigés les préceptes suivants ; d'ailleurs, les précautions habituelles dont on fait usage en France, peuvent très-bien s'appliquer ici au reste de l'année.

PRÉCAUTIONS RELATIVES A L'HABITATION.

Lorsque le colon arrivera à l'époque des premières pluies, il devra, après s'être installé dans un logement provisoire, s'occuper immédiatement de défricher et de préparer la terre pour les plantations et les semailles.

Avant la fin des dernières pluies (fin mars et avril), il devra creuser les fondations de sa maison et faire tous les travaux de terrassement nécessaires à l'assiette de son village ou de son habitation définitive.

Aux premières chaleurs (quinzaine de mai), il devra cesser de remuer la terre vierge, et, sa moisson faite, s'occuper, pendant le reste de l'été, de la construction de sa demeure, c'est-à-dire des divers travaux qui s'y rattachent, tels que : fabrication de la chaux, des tuiles et briques, coupes de broussailles pour les fours, extraction de la pierre, mise en œuvre des bois, charpente, portes, fenêtres, etc., etc.

Baraques. A défaut d'habitations en pierre préparées à l'avance, les colons s'abriteront sous des baraques. Le sol autour de ces baraques sera creusé d'une rigole d'environ trois décimètres de profondeur, et qui conduira au loin les eaux pluviales ; on empêchera ainsi l'humidité de gagner l'intérieur.

Maisons. L'habitation définitive du colon sera faite en pierre et mortier à la chaux. Le pisé, tel que celui dont on se sert en France, ne résisterait pas aux pluies, mais les Indigènes font une espèce de pisé très-résistant.

La maison, composée d'abord d'un simple rez-de-chaussée, devra, dès que le colon en pourra faire les frais, être élevée d'un étage ; elle aura, autant que possible, ses ouvertures au nord et à l'est. On aura soin de laisser dans le toit des jours nécessaires pour le facile renouvellement de l'air emprisonné entre le plancher du 1er étage et la toiture.

Le voisinage des villages sera planté de rideaux d'arbres, qui formeront un rempart contre les vents chargés de miasmes marécageux ; leur ombrage servira aussi à prévenir la trop grande sécheresse.

Les cours d'eau avoisinants seront régularisés dans leur pente, de manière à ne jamais former de mares, ni de flaques.

Les colons éviteront, avec le plus grand soin, l'accumulation des immondices près de leur demeure.

Les portes et les fenêtres, ouvertes le jour, excepté quand soufflera le *siroco*, seront fermées la nuit dans toutes les saisons.

Les colons auront soin de ne pas se loger en trop grand nombre dans une chambre étroite. L'encombrement, nuisible en tout lieu, n'a nulle part autant d'inconvénients qu'en Algérie.

La plus grande propreté régnera partout. On se tiendra en garde contre les émanations que répandent les fourneaux de cuisine, les eaux ménagères qui séjournent, et les latrines mal entretenues. Ces dernières précautions sont souvent beaucoup trop négligées.

PRÉCAUTIONS RELATIVES AUX VÊTEMENTS.

Les vêtements, faits en tissus de laine ou de coton, seront de couleur claire (blancs ou gris). Ils devront être assez larges pour ne jamais gêner les mouvements.

Les pantalons, portés sans bretelles, seront retenus sur les hanches par des pattes, une coulisse ou une ceinture.

Les vêtements de toile sont souvent dangereux en Afrique. L'hiver, ils sont trop froids ; l'été, ils glacent la peau quand le moindre courant d'air vient à frapper le corps en sueur.

La cravatte n'est pas utile en Afrique. En tout cas, elle sera en coton, et ne fera jamais qu'un seul tour sur le cou.

Le colon ne devra jamais travailler tête nue au soleil. Un chapeau de haute forme, en paille ou en feutre gris à larges bords, sera la meilleure coiffure.

On se préserve très-bien de la diarrhée et de la dyssenterie au moyen d'une ceinture de flanelle ou de coton appliquée sur la peau et entourant plusieurs fois le ventre. On recommande, avec la plus vive instance, aux colons de porter cette ceinture et de ne la quitter dans aucune saison. Ils s'habitueront très-vite à la légère démangeaison qu'elle fait d'abord quelquefois éprouver. Elle est tellement nécessaire que, très-souvent, lorsqu'on la quitte, des coliques surviennent qui, presque immédiatement, disparaissent dès qu'on la remet.

PRÉCAUTIONS RELATIVES A LA PEAU.

Indépendamment des lotions quotidiennes du visage et des mains, les colons se laveront souvent les pieds, et, en été, ils se feront, sur le corps, de fréquentes ablutions avec un linge mouillé. C'est surtout le matin, avant d'aller à l'ouvrage, qu'il conviendra de faire ces ablutions.

Les bains d'eau froide seront toujours pris dans l'eau courante, mais seulement lorsque la sueur ne mouillera plus le corps et trois heures après le repas.

Les bains de mer sont rarement favorables aux colons nouvellement arrivés.

Sous l'influence des fortes chaleurs de l'été, le sommeil est quelquefois rendu très-difficile par des picotements sur presque toutes les parties de la peau. Quelques lotions à l'eau froide, au moment de se coucher, combattront avec avantage cette cause d'insomnie. Mais il faudra que le corps ne soit plus en sueur, autrement l'impression subite de l'eau froide produirait la diarrhée.

Un très-grand nombre de nouveaux débarqués voient apparaître, sous l'influence des chaleurs, une éruption de petits boutons connus sous le nom de *gale bédouine*. On ne doit employer aucun moyen violent pour la faire disparaître. Ce qui calme le mieux la démangeaison qu'elle occasionne, c'est encore le passage d'un linge mouillé sur la partie du corps où elle est la plus vive. On a dit, avec quelque raison, que la *gale bédouine* est un brevet de santé.

PRÉCAUTIONS RELATIVES AUX ALIMENTS.

Beaucoup de personnes, à leur arrivée en Afrique, éprouvent un surcroît d'appétit. Celles qui mangent au point de le satisfaire complétement, sont à peu près certaines de contracter la diarrhée.

D'autres, dès les premiers jours de leur arrivée, sont prises de coliques et de diarrhée. Ces accidents sont ordinairement légers ; ils cèdent vite à la ceinture de flanelle, si, en même temps, on a le soin de diminuer la nourriture, et de choisir des aliments de facile digestion (œufs, poisson).

La viande, associée aux légumes, devra, ici comme en France, faire la base de la nourriture des colons.

Les fruits d'Afrique sont généralement rafraîchissants

et agréables ; il faut seulement les manger bien mûrs et en quantité modérée. Les excès de melons , de pastèques et d'oranges sont souvent causes de diarrhée.

On croit, à tort, que les figues de Barbarie arrêtent la diarrhée ; leurs excès constipent les gens qui se portent bien et aggrave presque toujours le mal de ceux qui sont relâchés.

Le vin de bonne qualité et coupé d'eau , sera , pour les colons, la boisson la plus convenable pendant les repas. En été, quand la soif sera ardente, l'infusion légère et tiède de café la calmera parfaitement.

En même temps, elle diminuera les sueurs et relèvera les forces.

Il faut que le colon le sache bien : plus il boira, plus il aura soif et transpirera. Il résistera d'autant moins à la fatigue qu'il aura ainsi provoqué des sueurs plus abondantes.

L'eau-de-vie, en petite quantité, convient le matin en hiver, quand il fait froid et humide ; mais en été, il faut lui préférer le café où l'on pourra tremper du pain.

Tous les hommes qui, en Afrique, s'adonnent aux liqueurs fortes, meurent avec une rapidité extrême. La moindre indisposition, chez eux, peut devenir mortelle.

L'eau consacrée aux usages de la vie, devra être prise à la source presqu'au moment de s'en servir. Il ne faudra jamais employer celle qui sera tirée depuis longtemps, non plus que celle qui proviendra de marais ou de ruisseaux encombrés de plantes (roseaux, lauriers-roses), qui en ralentissent le cours.

Il faut, autant que possible, se servir d'eaux provenant de terrains élevés et qui, dans leur parcours, ne traversent point de marécages.

On reconnaît qu'une eau est bonne lorsqu'elle est claire, sans odeur ni saveur désagréables, lorsqu'elle dissout bien le savon et que les légumes qu'on y a fait cuire ne sont pas durs sous la dent.

Les sangsues sont très-communes en Afrique dans les sources et dans les ruisseaux. Elles y sont souvent si petites, qu'on ne peut s'apercevoir de leur présence qu'avec une certaine attention. Des accidents graves pouvant être occasionnés par ces petits animaux : il convient, quand on ne connaît pas bien la qualité de l'eau d'une source, de passer le liquide à travers un linge avant d'en faire usage.

L'eau fraîche, prise en quantité modérée, procure un sentiment de bien-être et n'est pas nuisible. Elle donne au contraire presque toujours la diarrhée, lorsqu'on en boit trop à la fois, si surtout le corps est en sueur.

PRÉCAUTIONS RELATIVES AU TRAVAIL.

Les défrichements ne devront jamais se faire en été. Dans cette saison, les colons suspendront leur travail pendant le moment le plus chaud du jour, et ils prendront alors une heure ou deux de sommeil.

Jamais la *sieste* ne se fera au milieu des champs, ni surtout sur un sol fraîchement défriché ou humide.

En Afrique, la nuit succède rapidement au jour ; et, en très-peu de temps aussi, à une chaleur excessive succède une froide humidité. Il faut donc qu'en revenant du travail le colon ait grand soin de remettre la veste qu'il avait quittée. L'oubli trop fréquent de cette précaution détermine un grand nombre de dyssenteries et rend le travailleur plus sensible à l'action des miasmes qui causent la fièvre.

En été, il ne faudra jamais travailler dehors ni voyager la nuit, surtout dans les parties basses où règnent habituellement des brouillards. La fièvre sera l'effet presqu'inévitable de cette imprudence.

Dans le cas où il y aura nécessité de manquer à ce précepte, il faudra, avant de s'exposer à ces influences, avoir soin de se vêtir chaudement, de se couvrir, s'il est possible, d'un caban dont on relèvera sur la tête le capuchon ; il faudra avoir pris des aliments légèrement excitans, ou au moins une infusion chaude de café ou de feuilles d'oranger. L'usage du tabac à fumer ou à chiquer sera encore, dans ce cas, une bonne précaution. S'il fallait enfin passer la nuit dans la plaine, il serait, en outre, nécessaire de se couvrir la figure d'une étoffe de laine, et de choisir, pour dormir, l'emplacement le plus sec.

PRÉCAUTIONS SPÉCIALEMENT RELATIVES AUX FEMMES ET AUX ENFANTS.

Les préceptes posés plus haut regardent également les deux sexes. Toutefois il est bon que les femmes sachent à quelles précautions spéciales elles devront recourir pour prévenir les maladies auxquelles leurs enfants sont le plus exposés en Afrique.

Les jeunes enfants nés ou immigrés en Algérie, doivent être allaités jusqu'au dix-huitième ou vingtième mois; ainsi que cela se pratique en Espagne.

Le sevrage n'aura jamais lieu pendant les chaleurs.

Les enfants, généralement bien portants pendant la saison tempérée, ne deviennent guère malades que pendant l'été.

En Afrique, presque tous les enfants sont plus ou moins indisposés, à l'époque de la dentition.

Les maladies les plus fréquentes chez eux sont : les *convulsions*, la *diarrhée* et la *dyssenterie*.

La *diarrhée* de la *dentition*, lorsqu'elle est légère, doit, en général, être respectée. On ne tentera de la faire disparaître que lorsqu'elle produira l'amaigrissement.

Les jeunes enfants contractent plus facilement la fièvre que les grandes personnes et en sont beaucoup plus malades, surtout lorsque celle-ci survient au moment de la dentition.

L'éruption des dents, pendant l'été, réclame, de la part des mères, un redoublement de surveillance.

En Afrique, il est presqu'impossible d'élever les enfants au biberon.

Si une mère devient malade et ne peut plus nourrir, il convient d'allaiter l'enfant au moyen d'une chèvre dont on lui fera téter le pis.

Les nourrices nouvellement arrivées voient souvent leur lait s'appauvrir et devenir trop peu nourrissant. La diarrhée, l'amaigrissement et l'insomnie de l'enfant, sont les effets ordinaires de cette mauvaise alimentation. C'est alors qu'il faudra recourir au pis d'une chèvre, ou mieux encore, au sein d'une nourrice habituée au climat.

Les désirs que l'enfant manifestera pour les aliments qu'il verra sur la table ne devront jamais être un motif déterminant de sevrage prématuré.

L'usage du maillot sera proscrit en Afrique. Il affaiblit les enfants en les faisant suer. On les habillera en robe aussitôt qu'on le pourra, et on les vêtira à peu près de la manière suivante : chemise de coton en été, ceinture de flanelle, bas et brassière en hiver ; un bonnet en tout temps, pendant le premier âge.

Les bains tièdes conviennent particulièrement aux enfants. Il faut les y habituer de bonne heure. On en administrera un par semaine en hiver, et, en été, il sera bon d'en donner un presque tous les jours. L'eau tiédie au soleil conviendra parfaitement pour cela. Cependant il ne faudra pas qu'elle y ait séjourné assez longtemps pour s'être corrompue.

Les enfants seront lavés plusieurs fois par jour ; sans cette précaution, les excréments irriteraient promptement la peau et y occasionneraient des rougeurs et des démangeaisons.

Les gerçures de la peau, dans les plis formés par la graisse, nécessitent l'emploi de lavages fréquents et d'une poudre sèche. Ces gerçures sont plus communes et plus douloureuses en Afrique qu'en Europe, à cause des transpirations abondantes et de l'âcreté plus vive des excrétions.

Il faudra coucher les enfants de bonne heure, les soustraire, avec un soin attentif, à l'influence des brouillards du soir. Ils dormiront, le jour, pendant deux ou trois heures. Leur berceau, élevé à la hauteur d'une chaise, sera entouré d'un tissus assez léger pour laisser l'air circuler sans livrer passage aux moustiques. Un matelas en paille de maïs ou en balles d'avoine conviendra mieux que la laine, qui devient trop chaude et s'imprègne aisément de mauvaises odeurs.

Après la *diarrhée*, la *fièvre* et les *convulsions*, les maladies auxquelles les enfants sont, ici, le plus sujets, sont : les *maux d'yeux* et la *petite vérole*. La plupart des *maux d'yeux* sont dus à ce que les enfants ont été exposés, ayant la tête en sueur, à un courant d'air froid.

La *petite vérole* est très-fréquente en Afrique pendant l'hiver ; quand vient cette saison, il est donc indispensable de faire vacciner les enfants le plus tôt possible, s'il ne le sont pas.

PRÉCEPTES GÉNÉRAUX ET RÉSUMÉ.

En Afrique, les maladies marchent avec une grande rapidité ; si on ne les soigne pas dès le début, elles enlèvent le malade ou elles se prolongent tant, qu'il devient souvent difficile de les guérir.

A la première atteinte du mal, les colons consulteront le médecin. Ils suspendront leur travail, s'abstiendront d'aliments solides et se borneront à quelques bouillons.

Enfin, ils devront se bien pénétrer de l'indispensable nécessité de suivre les préceptes indiqués plus haut et qui se résument dans les propositions suivantes :

1° Employer toute la saison des pluies aux travaux de défrichement et de remuement du sol en général ;

2° Cesser les défrichements à l'apparition des chaleurs ;

3° Éloigner de l'habitation tout ce qui pourrait y corrompre l'air ;

4° Éviter, en été, de travailler pendant les heures les plus chaudes ; et, le soir, se garantir du froid humide, des rosées et des brouillards ;

5° Porter des vêtements de couleur claire, en coton ou en laine, et ne serrant jamais les parties qu'ils recouvrent ;

6° Ne point quitter la ceinture de flanelle ;

7° Entretenir soigneusement la propreté de la peau ;

8° Se nourrir d'aliments sains ; éviter les liqueurs fortes ;

9° Ne jamais boire beaucoup d'eau à la fois et la choisir de bonne qualité ;

10° Ne travailler, ni ne voyager la nuit, surtout dans les parties basses ;

2

11° Allaiter les enfants jusqu'à la sortie des dents canines ou de l'œil ;

12° Ne jamais nourrir les enfants au biberon ;

13° Préserver avec soin, en été, les enfants de l'action du soleil, et les éloigner des terrains qu'on remue pour la première fois ;

14° Les faire vacciner le plus tôt possible.

L.-E. FOLEY, médecin à l'hôpital civil d'Alger;

A.-E.-V. MARTIN, médecin à l'hôpital militaire du Dey.

INSTRUCTIONS

LES SOINS A DONNER AUX BESTIAUX.

ALIMENTATION.

Les aliments verts conviennent pendant le printemps, l'été, une partie de l'automne et la première jeunesse des bestiaux. Les nourritures sèches sont préférables en hiver et lorsque les animaux arrivent vers la vieillesse.

Le meilleur vert est celui qui est composé en grande partie de sainfoin, des diverses luzernes, de gesses, de vesces, de trèfle rouge, de beaucoup de graminées, telles que flouves, fétuques, agrostis, etc. A ces plantes des prairies naturelles, on ajoute les pommes de terre, les betteraves, les carottes, quelques espèces de choux, le maïs donné en vert, etc.

La nourriture sèche comprend les grains d'avoine, d'orge, de seigle, de maïs, le son, le foin, la paille de froment, d'orge, d'avoine et de maïs. L'orge est le grain que l'on préfère en Afrique, surtout pour la nourriture des chevaux. L'avoine est employée avec avantage en hiver et pour les animaux qui sont obligés de dépenser une grande force musculaire. On fait rarement usage du seigle. Quelques cultivateurs ont utilisé le fruit du caroubier; les bestiaux se trouvent bien de cette nourriture.

BOISSON.

L'eau forme la base de la boisson de tous les animaux domestiques. La meilleure est celle qui est claire, limpide, sans odeur comme sans goût, qui contient de l'air, qui dissout le savon et cuit bien les légumes. Les eaux de puits et de beaucoup de sources ont rarement ces qualités ; celles des citernes et des rivières, dont le lit est sablonneux, sont ordinairement les meilleures.

L'eau stagnante et des mares, celle même qui s'écoule des fumiers, sont regardées comme convenables à la boisson des moutons et des bœufs. Ces animaux semblent fréquemment leur accorder la préférence sur celles qui sont claires et limpides, probablement parce qu'elles tiennent en dissolution quelques sels qui peuvent les leur rendre agréables et plus sapides. Il faut convenir qu'elles peuvent quelquefois leur être utiles, lorsque les matières qu'elles contiennent ne sont pas parvenues à un haut degré de putridité ; mais il faut ajouter qu'elles deviennent assez souvent une cause très-active de maladie, surtout dans les temps chauds, époques où elles sont basses, très-putrides, et où les animaux ont le plus pressant besoin d'une boisson saine et abondante ; elles ont en outre l'inconvénient très-grave de communiquer à la viande une saveur très-désagréable.

On ne doit jamais faire boire les animaux quand ils sont échauffés par un exercice violent ; il faut attendre qu'ils soient reposés et les abreuver ensuite en les faisant boire aussi lentement que possible. On a tort de croire que le mélange d'une petite quantité de farine avec l'eau suffit pour en corriger tous les mauvais effets. Cette méthode peut contribuer à rendre l'eau moins froide et plus aérée, parce que, pour la mettre en pratique, il faut agiter l'eau en y plongeant la main ; mais si l'eau est naturellement mauvaise, ce n'est pas cette farine qui lui ôtera ses qualités pernicieuses.

L'heure la plus convenable pour faire boire les bestiaux est celle de huit heures du soir. Pendant les fortes chaleurs on peut les abreuver trois fois par jour, le matin, à midi, et le soir.

QUALITÉS PROPRES AUX BOEUFS DE TRAVAIL.

Tête courte et carrée, front large, chinon développé, cornes grosses à la base et peu allongées, encolure courte et épaisse, épaules fortes, poitrail large et garni d'un fanon bien descendu, corps cylindrique et ramassé, croupe volumineuse, membres forts, jarrets larges, canons courts et gros, cuir épais, poil rude et bien fourni, l'ongle court et large.

Les bœufs kabyles réunissent, en grande partie, ces qualités, aussi sont-ils regardés, à juste titre, comme les plus aptes aux travaux agricoles de l'Algérie.

QUALITÉS PROPRES AUX BOEUFS DE BOUCHERIE.

Quoique toutes les bêtes bovines terminent leur vie à l'abattoir, il en est cependant quelques-unes qui s'engraissent plus facilement, qui fournissent une viande plus délicate que les autres. On remarque, presque toujours, une opposition presque complète entre l'aptitude au travail et la disposition à l'engraissement.

On doit rechercher, dans les bêtes que l'on veut engraisser, un caractère doux, une peau souple, d'une épaisseur moyenne, glissant avec facilité sur un tissu cellulaire abondant, et recouverte d'un poil peu fourni, doux au toucher ; une tête petite, garnie de cornes minces et courtes ; un cou peu allongé. Le garrot, le dos, les reins doivent être larges et garnis de muscles épais, ainsi que les fesses. Les membres doivent être peu développés, à canons et à sabots peu volumineux.

L'âge ne doit pas être au-dessous de l'époque où le corps a complété son accroissement. L'animal trop vieux s'engraisse difficilement : les vaches ne sont engraissées jeunes que lorsqu'elles sont mauvaises laitières.

DES SOINS A DONNER AUX BOEUFS DE TRAVAIL.

On ne doit jamais les mener plus vite que leur pas ordinaire, surtout quand il fait chaud. Dans les endroits difficiles à passer ou à labourer, on leur laisse un moment pour prendre haleine ; il est salutaire de les bouchonner quand ils rentrent couverts de sueur et de poussière. On leur lave les pieds pour en ôter les pierres et les épines qui les feraient boîter. Un air frais dans les étables est celui qui convient le mieux : le froid n'est dangereux pour les bœufs que lorsqu'ils ont chaud. Pour ces animaux, on doit suivre les règles suivantes : les soustraire, autant que possible, aux influences atmosphériques ; — lorsqu'il n'y a pas grande nécessité, éviter de les faire travailler pendant les journées d'orage et de *sirocco* ; — ne les conduire sur les pâturages que lorsque le soleil a dissipé la rosée ; — ne pas les exposer à un air froid, quand ils sont en transpiration ; — aller par gradation dans les changements de nourriture ; — passer insensiblement du repos au travail pénible et réciproquement.

Lorsqu'il n'y a qu'une paire de bœufs pour une charrue, on cesse le travail vers midi ; les animaux demeurent au pâturage le reste de la journée. Il est préférable d'employer deux paires de bœufs pour une charrue. Pendant que les uns travaillent, les autres pâturent, et réciproquement ; de cette manière, il y a double besogne avec le même nombre de domestiques.

MANIÈRE D'ATTELER LES BŒUFS.

La manière d'atteler les bœufs, doit être simple, solide et peu dispendieuse ; il faut que ces animaux soient à l'aise et que l'homme puisse les maîtriser facilement.

Il y a trois manières principales de les atteler :

1° *Le joug attaché derrière les cornes.* Ce mode laisse peu à désirer sous le rapport de la simplicité, de la solidité, du prix de revient et de la facilité avec laquelle on peut conduire ces animaux, mais il présente des inconvénients qu'il est bon de signaler : les bœufs attachés solidement par la tête dépendent d'une manière absolue l'un de l'autre, ils ne sont pas assez libres dans leurs mouvements ; si une inégalité de terrain se trouve sur le passage de l'un d'eux, il lui est impossible bien souvent de l'éviter ; obligés de porter la tête basse, ils fatiguent beaucoup, respirent la poussière des routes, ne peuvent marcher vite, ni faire une longue course ; il leur est aussi bien difficile de chasser les mouches qui les tourmentent.

Ce genre d'attelage demande que les bœufs soient bien cornés, de même taille et de même force, qualités difficiles à rencontrer. Les bœufs dressés au joug contractent l'habitude de marcher à la place qui leur a été assignée dès le principe de leur éducation. Ainsi un bœuf, qui est accoutumé à marcher à droite, ne voudra pas, ne pourra pas marcher à gauche; de sorte qu'un bœuf malade fait rester son camarade à l'étable. L'attelage au joug n'est donc pas aussi avantageux que l'on veut bien le dire.

2° *Le joug sur le cou.* Ce mode est aussi simple, aussi solide et d'un prix moins élevé que le précédent; mais il ne tient pas les bœufs dans une dépendance aussi complète, et il est difficile de s'en servir avec les voitures à deux roues. Dans tous les cas; une avaloire fixée au joug est indispensable. Avec ce genre d'attelage disparaissent les inconvénients que nous avons fait remarquer dans l'attelage par les cornes; aussi lui donnons-nous la préférence.

3° *Le collier.* Il est utile de parler de sa construction, car elle est peu connue. Le collier du bœuf est brisé en haut ou en bas. Il doit être moins rond et plus long que celui du cheval, à cause du fanon et de la longueur de l'épaule. Il doit s'adapter exactement sur les parois du cou et sur toutes la longueur de l'épaule. Le bas du collier est mince, comme le bas du collier d'un attelage de carrosse; il prend plus d'épaisseur au fur et à mesure qu'il arrive à sa partie supérieure. Cette épaisseur doit être en raison de la force de l'épaule de l'animal. Comme la rencontre ne dépasse pas le bord extérieur de l'épaule, on mettra un coussinet assez gros entre le train et le collier, de manière à l'écarter autant que possible, afin qu'en tirant, l'animal ne puisse être blessé par le frottement.

Le point d'attache du train, doit être juste au milieu, entre le garrot et la pointe de l'épaule. Les traits sont fixés au collier comme ceux des chevaux; ils doivent être supportés par deux sur-dos. Une souventrière complète le harnachement. Si le collier s'ouvre par en bas, il est fermé par une clavette comme celle du collier du cheval. Si au contraire il s'ouvre par en haut, ce qui est préférable, on réunit les deux branches par deux courroies : l'une appelée courroie de ceinture, fait le tour du collier et s'attache par une boucle sur le sommet du collier ; l'autre, attachée avec un clou à l'une des attelles, fait une ou plusieurs fois le tour de ces attelles, les rapprochant, les réunissant au besoin et s'arrêtant avec une boucle.

Les bœufs attelés d'après ce système sont parfaitement à leur aise, ne se blessent jamais, n'éprouvent pas la moindre douleur, peuvent marcher vite et longtemps sans trop se fatiguer, traînent un poids bien plus élevé qu'avec les autres systèmes d'attelage. On doit encore lui accorder la préférence, parce que les bœufs ne contractent pas de mauvaises habitudes et qu'on peut réunir toutes les tailles, toutes les forces, en faire travailler un, deux, trois, selon les besoins ; rien n'oblige d'en atteler quatre pour un travail qui n'en exige que trois.

En comparant ces trois modes d'attelage, il est facile de reconnaître que celui du collier est le meilleur. Il ne laisse à désirer que sous le rapport du prix de revient. Quant aux attelages par le joug, on doit donner la préférence à celui qui se fixe sur le cou.

Que l'on se serve du collier ou du joug, les bœufs de l'Algérie sont très-faciles à soumettre. C'est sans doute de là que vient l'habitude qui existe chez tous les petits cultivateurs : après le travail des labours, ils refont pendant quelque temps leur bestiaux, et ils les vendent ensuite à la boucherie. Les grands cultivateurs n'en vendent que la moitié ; ils gardent ceux qui ont offert les meilleures qualités pour le travail. Ces deux manières d'agir ne manquent pas d'avoir leurs avantages.

On fait boire les bœufs deux fois par jour, matin et

soir. Pendant la nuit, il est utile de leur donner du foin ou de la paille. Lorsqu'ils ne travaillent pas, les pâturages suffisent.

Lorsque les herbes des prairies artificielles ou naturelles manquent, il faut avoir recours, pour sustenter les bestiaux, à une autre nourriture. Ils mangent bien les feuilles de la plus grande partie des arbres forestiers, les tiges, de blé de Turquie, les graines des graminées, les diverses espèces de racines, telles que navets, carottes, betteraves, pommes de terre ; les tourteaux huileux, les feuilles de betteraves, de choux, etc. Le maïs donné en vert est une des meilleures nourritures, on en fait usage à l'époque des grandes chaleurs. Cette alimentation seule suffit pour réparer les pertes que les bestiaux font en travaillant.

DES SOINS A DONNER AUX BŒUFS QUE L'ON DESTINE A LA BOUCHERIE.

L'âge de sept ans est le plus favorable pour engraisser les bœufs. On peut aller jusqu'à dix, mais plus tard, leur chair ne serait pas aussi bonne et ils prendraient difficilement graisse.

En Afrique, on engraisse les bœufs au pâturage. Pour ce cas, il faut que l'herbe soit bonne et surtout abondante. A la fin de l'été, le vert est presque nul dans une grande partie des localités livrées à l'agriculture. On pare à cet inconvénient par du maïs donné en vert et à l'étable. Cette alimentation produit un très-bon effet sur les bestiaux que l'on fait travailler ou que l'on veut engraisser.

Les animaux destinés à la boucherie, doivent être entretenus dans un état constant d'accroissement. S'ils sont mal nourris une partie de l'année, on a bien de la peine à leur faire reprendre ensuite leur embonpoint, et alors ils n'atteignent jamais les proportions qu'on était en droit d'espérer. Il faut aussi avoir soin de ne mettre sur un pâturage que le nombre de bœufs qu'il peut nourrir convenablement. Il est utile de ne pas oublier que rien n'est moins judicieux que de s'efforcer d'accroître la taille des bestiaux par des croisements, sans améliorer ni augmenter les moyens d'alimentation.

Les bœufs maigres que l'on achète pour engraisser, doivent être mis dans les pâturages les moins gras d'abord, afin que ces animaux s'accoutument par degrés à une nourriture meilleure que celle qu'ils avaient auparavant. On est dans l'habitude de leur tirer un peu de sang, pour les rafraîchir et les mieux disposer à prendre l'herbe et à s'engraisser. Au bout de quelque temps, on les fait passer dans un herbage meilleur, afin de les faire tourner promptement à la graisse. Lorsqu'il n'y a ni fontaine, ni ruisseau dans un herbage, on y pratique des mares dans les endroits où il est facile de ramasser et d'y retenir les eaux de pluie; si ces mares sont taries, on mène les bœufs trois fois par jour, boire l'eau qui se trouve le plus près. A mesure que les bœufs engraissent, ils deviennent plus friands; ils n'aiment point l'herbe ombragée, ni celle qui vient dans l'emplacement où ils ont fienté.

Pour connaître si un bœuf avance dans son engraissement, on lui tâte les dernières côtes; si ce que l'on touche est doux et détaché des côtes, c'est une preuve que l'animal est plus qu'en chair. Le derrière des épaules dans un bœuf et le nombril d'une vache sont les parties qui indiquent qu'ils augmentent en suif.

VACHES LAITIÈRES.

Les vaches les mieux faites, les plus sveltes, à formes

bien dessinées, à membre secs et nerveux, peuvent convenir pour le travail et y sont souvent employées, mais elles donnent généralement peu de lait et ne le conservent pas longtemps après le vêlage.

La véritable vache laitière est lourde et massive, son corps est long, son ventre volumineux et pendant, son mufle large, ses membres sont épais, ses cornes courtes, minces et lisses, ses oreilles larges et velues. Elle porte un pis bien développé, sans être trop charnu, à trayons gros et allongés ; sa veine mammaire, grosse et tortueuse, forme un cordon saillant et noueux sur le côté du ventre.

A ces caractères tirés de la conformation générale, il faut joindre ceux que peut fournir l'écusson formé en arrière des mamelles par les épis du poil de cette partie. La quantité de lait est relative à l'étendue de l'écusson.

Les vaches dont l'écusson est formé du poil le plus fin sont les meilleures, surtout si elles ont, depuis le dedans des cuisses jusqu'à la vulve, la peau de couleur jaunâtre, et si le *son* qui se détache de cette peau est de la même couleur.

Les vache dont la peau est unie et blanche, le pis couvert d'un poil clair et le contrepoil des épis de l'écusson allongé, donneront un lait séreux et maigre. Celles dont le pis est couvert d'un poil court et fourré, qui se trouve dans les épis du contrepoil de l'écusson, donneront un lait gras et bon.

Il est utile de faire observer que la vache laitière doit être plutôt un peu maigre que trop grasse ; car l'accumulation de la graisse ne peut avoir lieu sans nuire à la sécrétion du lait.

C'est encore dans les prairies naturelles que l'on trouve la nourriture des vaches laitières. On emploie aussi, pendant la mauvaise saison et à la fin de l'été, le foin, la paille, les betteraves, les choux, le maïs donné en vert, etc.

GESTATION.

Le temps moyen de la gestation chez la vache est de neuf mois, pendant lesquels il faut éviter les grandes secousses. Cependant un travail modéré lui est utile.

Pour la vache pleine, le sol de l'étable ou du hangar doit être horizontal. Incliné de devant en arrière, il peut causer l'avortement. — Si la vache porte pour la première fois, on lui manie le pis de temps en temps, afin de la disposer à se laisser traire et téter.

PARTURITION.

Si la parturition est languissante, ce qui est commun, il est bon d'administrer des cordiaux (vin chaud sucré). On doit aussi soulever le sacrum, rapprocher du centre de gravité les membres postérieurs et tenir devant la vache de l'eau tiède et blanchie par de la farine.

Après la mise-bas, il faut suivre les règles suivantes : si l'animal est fatigué de la parturition, relever ses forces par un cordial. — Tenir chaudement la mère et le petit.— S'assurer que le nouveau-né est dans la possibilité de prendre la mamelle. — L'aider avec précaution s'il ne peut y parvenir. — S'il passe quelques heures sans chercher à téter, traire la mère et faire boire au petit le lait tout chaud. — En venant au monde, il ne doit pas éprouver les effets d'un changement brusque de température. — Laisser la mère tranquille pendant les premiers jours de l'allaitement. — La boisson doit être abondante et les aliments substantiels, surtout de facile digestion. — Pendant le sevrage, ménager la transition entre les deux régimes. — Après le sevrage, visiter de temps en temps les mamelles ; les traire, quand il y a une trop grande sécrétion de lait.

ALLAITEMENT DES VEAUX.

Quand on veut élever les veaux, il y a deux manières de les nourrir pendant la première période de leur vie : 1° les faire téter ; 2° leur faire boire le lait. Dans le premier cas, on peut laisser le veau auprès de sa mère, ou ne le conduire auprès de celle-ci qu'à certaines heures déterminées ; d'abord quatre ou cinq fois par jour, puis deux ou trois fois, en ayant soin de traire le surplus du lait lorsque le veau a fini de téter. Si le veau doit boire le lait et non téter, il faut le séparer de la mère immédiatement après sa naissance, le faire boire plusieurs fois par jour et avoir soin de lui faire boire autant de lait qu'il peut en prendre. Cette méthode est préférable, parce qu'elle habitue plus facilement les veaux à se passer de lait et à se contenter d'une autre nourriture. Il en résulte qu'à l'époque du sevrage, on n'aperçoit pas cet amaigrissement qu'on remarque chez les veaux qui ont tété. Dans le cas où, par calcul ou par accident, le lait est retranché en partie au jeune sujet, on peut y suppléer par des farines délayées dans l'eau tiède, par des grains cuits auxquels on peut associer l'herbe fraîche, les raves, les betteraves, les carottes, les navets et autres racines cuites ou broyées.

Cette première période de leur jeunesse étant passée, on les habitue insensiblement à la nourriture ordinaire, pour que le sevrage ne leur soit pas nuisible.

Les cultivateurs qui s'occupent de laitage produisent ordinairement des veaux de lait. Ces animaux doivent être tenus à l'étroit, à l'obscurité et séparés de leur mère. Le lait est leur seule nourriture, mais il faut qu'ils en prennent autant que possible. Les vaches indigènes ne fournissent que la quantité de lait nécessaire pour faire des veaux de lait, tandis qu'on en a de reste avec les vaches françaises ou espagnoles.

ÉTABLES.

En Algérie les animaux des espèces bovine et ovine, appartenant aux Arabes, séjournent toute l'année en plein air. Peut-on en conclure que les colons doivent s'en tenir à ce système économique? Évidemment non ; parce que la plupart des tribus sont dans des conditions où ne sont et ne peuvent être nos villages ; parce que si les pâturages viennent à manquer dans les localités qu'elles habitent, elles peuvent en changer. Les tribus qui n'ont pas cette facilité et qui ne sont pas favorisées par la nature et l'abondance des pâturages, ont en hiver leurs bestiaux plus chétifs que les nôtres et en perdent plus que nous. Il faut donc admettre que les bestiaux doivent être convenablement abrités, si nous voulons en tirer un bon parti.

Voici quelques règles générales pour la construction des étables : Les murs en pierre sont les meilleurs, mais comme ils sont trop coûteux, on peut les remplacer par des cloisons en planches soutenues par de bons madriers. Il est un système encore plus économique, c'est celui des torchis. Le toit fait avec des roseaux et des lèches est très-avantageux. Il faut aussi éviter l'humidité, donner à chaque animal la masse d'air nécessaire pour entretenir facilement sa respiration, favoriser le renouvellement de cet air et en maintenir la salubrité ; telles sont les conditions premières à remplir dans la construction d'une étable. Elle doit être dirigée vers l'est ou le sud-est, à cause des vents qui règnent ordinairement en Afrique. Quant aux dimensions, elles doivent être telles que les animaux soient à l'aise, puissent facilement se coucher et que la masse d'air suffise largement à leur respiration.

Le terrain sur lequel on établit ces habitations doit être plus élevé que les terrains environnants, afin que les urines puissent s'écouler au dehors et que les eaux ne soient pas stagnantes auprès des étables. On doit prendre toutes les précautions nécessaires pour le maintien de la propreté. Il ne faut pas perdre de vue que la rumination, et, par suite, la digestion, sont pour les bêtes bovines les meilleurs conditions de santé; ces deux actes sont favorisés par une bonne litière et une grande tranquillité.

BÊTES OVINES.

Toute bête ovine est saine, si son œil est plein et net, si les vaisseaux, qui s'aperçoivent sur le blanc, sont d'un rouge clair, quand on ouvre l'œil sans le presser, si la peau est sèche et d'une couleur rosée, si la laine tient fortement à la peau, si les dents sont blanches et les gencives fermes. L'animal joint la vigueur à la santé, lorsqu'on lui voit de l'agilité, de la prestesse dans les mouvements, de l'inquiétude au moindre bruit qu'il entend, de la force dans le jarret; mais l'œil creux et couleur de suif, les vaisseaux sanguins de cette partie d'une couleur obscure, la chair molle, la peau humide, la laine qui se détache aisément, les dents ternes, les gencives baissées, sont les marques certaines d'une mauvaise santé.

Les caractères qui font reconnaître les bons béliers sont: la tête grosse, le nez camus, les naseaux courts et étroits, le front large, élevé et arrondi, les yeux grands, noirs et vifs, les oreilles grandes et couvertes de laine, l'encolure large, le corps élevé, gros et allongé, les reins larges, le ventre grand, les testicules gros, la queue longue et forte.

Les bonnes brebis sont celles qui ont le corps grand, les épaules larges, les yeux gros, clairs et vifs, le cou gros et droit, le dos large, le ventre grand, les tétines longues, les jambes menues et courtes, la queue épaisse.

Les bons moutons sont ceux qui n'ont point de cornes, qui sont vigoureux, hardis et bien faits dans leur taille, qui ont de gros os et la laine douce, grasse, nette et bien frisée. Parmi les uns et les autres de ces animaux, il faut encore choisir ceux qui ont la laine la meilleure et la plus abondante, pour en tirer plus de produit, ceux qui sont dans l'âge le plus convenable pour produire beaucoup et pour durer longtemps. Quant à la taille, elle doit être toujours relative à l'abondance des pâturages que l'on peut mettre à la disposition de ces animaux.

CONDUITE DES TROUPEAUX AU PATURAGE. — BERGERIE.

1° Il faut faire paître les bêtes ovines tous les jours, si c'est possible, parce que la nourriture la plus naturelle et la moins coûteuse est la pâture, et qu'on n'y supplée qu'imparfaitement par des fourrages donnés à la bergerie. En pâturant, ces animaux choisissent leur nourriture, et la prennent dans le meilleur état ; d'ailleurs, l'herbe leur profite toujours mieux que le foin et la paille.

2° Le berger doit laisser marcher librement les bêtes ovines qui pâturent ; on les gênerait en les arrêtant ; leur allure naturelle est de vaguer de place en place : cet exercice entretient leur vigueur.

3° On ne doit pas conduire le troupeau dans les terres exposées aux dégâts, parce que les bêtes à laine gâtent plus d'herbe avec les pieds qu'elles n'en broutent. Pour conserver l'herbe, on ne livre chaque jour au troupeau que celle qu'il peut consommer, et successivement le troupeau tient tout le pâturage.

4° L'humidité est contraire aux bêtes à laine ; quand il y en a trop dans le sol qu'elles parcourent et dans les herbes qu'il produit, cette humidité donne lieu à une maladie appelée *pourriture*. La rosée étant plus froide que la pluie, c'est probablement là ce qui rend raison du mal qu'elle fait souvent à ces animaux. Ceux-ci pâturent avec moins d'appétit, lorsque l'herbe est mouillée, excepté dans les temps où la pluie, arrivant après une grande sécheresse, humecte l'herbe et la rend plus douce et plus appétissante.

5° Les troupeaux doivent être mis à l'ombre durant la plus grande ardeur du soleil ; à l'époque des grandes chaleurs, ils doivent, autant que possible, être conduits le matin sur des coteaux exposés au couchant, et le soir sur des coteaux exposés au levant. Lorsque la chaleur commence à fatiguer les animaux, ils s'arrêtent, s'agitent et cessent de pâturer. C'est alors qu'il faut les mettre à l'ombre dans un endroit frais, où ils soient éloignés des mouches et où ils puissent ruminer à l'aise. On les ramène au pâturage lorsque le soleil se fait moins sentir, et on les y laisse paître jusqu'à la fin du jour. Pendant la mauvaise saison (hiver), l'herbe des localités basses et humides est nuisible à la santé des troupeaux, à cause de la trop grande quantité d'eau de végétation qu'elle contient. À cette époque, on doit éviter, par conséquent, ces localités et conduire les animaux dans les endroits élevés.

6° Le berger doit conduire son troupeau lentement,

surtout lorsqu'il monte les collines, parce qu'en le menant trop vite, il risquerait d'échauffer plusieurs de ses bêtes au point de les rendre malades et même de les faire périr.

Quelque avantageuse que soit la méthode de nourrir les bêtes à laine au pâturage, il arrive cependant une époque où la terre se dépouille pendant quelque temps d'herbe, et où les grandes pluies empêchent de laisser ces animaux dehors. Pendant ce temps, qui est très-court en Afrique, on les alimente avec la paille et le foin que l'administration des fourrages n'a pu recevoir. Les colons de l'Algérie trouvent qu'il y a un bénéfice assez grand à faire recevoir par cette administration tout le foin et toute la paille de qualité supérieure. Ils ne font consommer que le foin et la paille de médiocre qualité.

Ordinairement les bêtes à laine trouvent leur boisson dans les herbes qu'elles paissent, et dans les mares ou ruisseaux qu'elles rencontrent sur leurs passage; mais dans les localités où ces eaux sont taries par les fortes chaleurs, on doit faire boire les animaux à la bergerie. Pour cela, on met, de distance en distance, des baquets peu profonds, pour qu'ils puissent s'y abreuver à l'aise. Ce qui reste d'eau le matin, doit être jeté dehors, parce qu'elle se salit. Toute espèce d'eau paraît convenir aux bêtes à laine, celle de mare comme celle de rivière, ou de puits, ou de fontaine.

Immédiatement après la tonte des laines, qui a lieu vers le mois de mai, il y a des soins à prendre pour la conservation du troupeau. Plus une toison est fine, tassée et régulière, et plus il est prudent, quand on a dépouillé l'animal, de le soustraire aux intempéries de l'air. Les grandes chaleurs ne sont pas moins à craindre à cette époque que le froid passager, l'humidité et les variations fréquentes de la température. La chaleur modérée est celle qui convient à la bête à laine les premiers jours de sa nudité. Il est donc à propos de régler la sortie du troupeau, de façon qu'il ne soit pas incommodé.

Lorsqu'on veut engraisser les moutons, on ajoute à leur nourriture ordinaire une livre et demie de bon foin, mouillé légèrement avec de l'eau salée, et que l'on donne chaque soir lorsque le troupeau rentre à la bergerie.

Dès que la brebis a atteint l'âge de six à sept mois, elle commence à avoir des chaleurs et à pouvoir être fécondée ; mais alors elle n'est qu'aux deux tiers de sa croissance ; l'agneau qu'elle produit est le plus souvent chétif, et l'agnelle ainsi devenue mère, profite moins, et ne devient jamais une belle et forte brebis. Il est donc préférable d'attendre un âge plus avancé. Les meilleurs agneaux sont toujours, à un petit nombre d'exceptions près, ceux que les brebis donnent de 3 ans 1⁄2 à 6 ans 1⁄2 inclusivement.

La puberté chez le bélier est aussi précoce que chez la brebis ; mais si dès le jeune âge on le livre à la reproduction, il reste maigre, chétif et prend ordinairement une altération des poumons. L'âge le meilleur est 30 mois, alors le bélier a toutes ses facultés ; ses formes sont fixées, sa santé est solide, et il a toute l'ardeur et la force nécessaires. Mais il ne possède ces avantages que pendant deux ou trois ans au plus ; quand il a acquis cinq ans et demi, il perd de son ardeur, et il devient lourd et paresseux.

C'est vers le 1er juillet que commence la monte : elle dure ordinairement deux mois.

Le temps de la gestation est de 150 jours (durée ordinaire) : pendant tout ce temps, il faut préserver les brebis de tout ce qui pourrait causer l'avortement ; pour cela il est nécessaire de bien les nourrir, de les conduire doucement, de ne pas les mettre dans le cas de sauter des fossés, d'éloigner tout ce qui pourrait les effrayer, car la peur est pour ces animaux timides une cause puissante d'avortement.

On connaît qu'une brebis est près de mettre bas, au gonflement des parties naturelles, à celui du pis qui se remplit de lait, et à un écoulement de matières glaireuses qui sortent par les parties naturelles vingt-cinq jours ou un mois avant que la brebis mette bas.

On retire du pâturage les brebis qui sont à terme ; on les sépare du reste du troupeau et on les laisse tranquilles pendant le temps de la parturition. Quelques heures après que la brebis a mis bas, il faut lui donner un peu d'eau tiède blanchie avec de la farine, il faut aussi ne pas négliger les précautions suivantes : placer et maintenir près de la mère l'agneau nouveau-né ; le surveiller pendant une vingtaine de jours, époque à laquelle il commence à brouter la pointe des herbes nouvelles ; bien alimenter les brebis nourrices, les conduire dans les meilleurs pâturages dès que l'agneau nouveau-né peut se tenir debout ; comprimer les mamelons de la mère, afin d'en faire sortir un peu de lait et de faciliter la succion ; si le petit ne cherche pas de lui-même la mamelle pour téter, l'en approcher et faire couler du lait dans sa bouche.

La bergerie doit être assise sur un terrain sec et à l'abri des vents qui règnent ordinairement dans la localité. En Afrique, ce sont les vents d'ouest et de nord-ouest. Il faudra par conséquent que les ouvertures de la bergerie soient dirigées vers l'est et le sud-est. L'étendue et la hauteur de la bergerie devront être telles que l'air puisse s'y renouveler fréquemment et que tous les animaux puissent se reposer, manger tous à la fois, et se mouvoir dans différents sens avec facilité. Une bergerie aura les dimensions convenables, si on les calcule de manière à avoir six pieds carrés pour un bélier, un mouton, une brebis, et cinq pieds carrés pour un agneau. La hauteur ne peut être au-dessous de douze pieds. Règle générale : il faut, quand on entre dans une bergerie, qu'on n'y éprouve ni froid, ni chaleur, ni odeur trop forte d'excréments en putréfaction.

DES COCHONS.

Un cochon mâle ou verrat doit réunir les conditions suivantes : tête grosse ; yeux petits et ardents ; oreilles grandes et pendantes ; grouin court et camus, col grand et épais ; dos droit et large ; corps court, ramassé, plutôt carré que long ; ventre ovale ; fesses larges ; testicules gros ; jambes courtes et fortes ; soies épaisses, noires, rudes, et, en quelque sorte, hérissées sur le dos.

Quant à la truie, on doit la choisir, autant que possible, sur le modèle du verrat. Il faut cependant qu'elle ait un naturel tranquille, une belle encolure, le corps allongé, les reins et les épaules larges, le ventre ample, les mamelles longues et les soies naturellement douces.

Les cochons se nourrissent d'un grand nombre de substances végétales ou animales. En Afrique, on a l'habitude de les conduire dans les pâturages pendant leur croissance. Quand on veut les engraisser, on les nourrit de glands, de fèves, d'orge, de maïs, etc.

La gestation de la truie dure ordinairement 113 jours. Cet animal entre en chaleur à l'âge de 4 à 5 mois. On peut donner de 16 à 20 truies à un bon verrat.

Pendant la gestation il ne faut pas que la femelle soit trop grasse ni trop maigre. Les deux extrêmes produisent l'avortement. Il n'est pas rare de voir les truies, surtout les jeunes qui mettent bas pour la première fois, tuer les petits ou les manger à mesure qu'elles les font. Dans cette circonstance, il est nécessaire de surveiller la mise-bas et de séparer les petits de la mère à mesure qu'ils naissent. A celles qui conservent cette disposition farouche, on administre de 45 à 60 grammes de manne, afin de les purger et de leur ôter cette férocité.

Voici quelques règles pour l'élève de ces animaux :

Tenir chaudement les gorets ; porter beaucoup de soins aux aliments des truies qui nourrissent ; leur donner des substances saines, nutritives, mais azueuses et favorables à la sécrétion du lait ; vers la fin de l'allaitement, diminuer la ration de la mère à mesure de l'augmentation de celle des petits. Le terme de sevrage est de deux mois ; à cette époque il faut avoir grand soin de ces animaux ; la castration est utile pour favoriser l'engraissement ; cette opération a lieu du 20° au 30° jour ; on peut la retarder de quelques mois.

L'habitation des cochons porte le nom de *toit* ou *loge*.

Pour un seul cochon, il suffit de 6 à 8 pieds de profondeur, sur 5 à 6 de largeur et autant de hauteur. C'est une erreur bien grande de croire que les cochons se plaisent dans leur ordure et dans un air corrompu. Il est toujours dangereux de les accumuler dans des logements étroits, exactement fermés, constamment infectes et humides. Il est prouvé que l'humidité leur est aussi contraire que les grandes chaleurs. Une bonne litière est aussi convenable à ces animaux qu'aux bœufs et aux chevaux.

JUMENTS.

330 jours sont le terme moyen de la gestation.

Donner un exercice doux et régulier aux juments pleines

qui ne travaillent pas habituellement. Elles sont alors plus aptes à tirer qu'à porter. Modérer de plus en plus l'exercice à mesure que l'on approche de la parturition. A cette époque, cesser toute espèce de travail.

Mettre alors la jument dans une écurie spacieuse ; lui faire une abondante litière, surtout à la partie postérieure ; pendant la mise-bas, la laisser dans la plus grande tranquillité ; après, bouchonner la mère, l'envelopper d'une couverture, lui donner de l'eau tiède blanchie avec de la farine ; si elle est faible, relever ses forces par du vin légèrement chaud et sucré administré à l'intérieur.

Couper à 3 pouces du nombril le cordon ombilical quand il ne se rompt pas de lui-même.

Tenir chaudement la mère et le petit.

Vingt minutes après que la poulinière s'est relevée, laver légèrement les mamelles avec de l'eau tiède et essayer aussitôt de faire téter le poulain. Une heure après, donner un léger repas à la mère.

Après quelques jours de stabulation, envoyer au pâturage le nouveau-né avec sa mère, à moins de maladie ou de mauvais temps.

Huit jours après la parturition, remettre la jument à son travail et à son régime ordinaires. Si elle doit porter de nouveau, c'est à cette époque qu'il faut la présenter à l'étalon.

DE BERNIS,
Vétérinaire principal de l'armée d'Afrique.

NOTE CLIMATOLOGIQUE

SUR L'ALGÉRIE

AU POINT DE VUE AGRICOLE.

CONFIGURATION.

L'Algérie est située entre le 36°, 48', 36" et le 33° de latitude Nord, le 3° de longitude Ouest et le 6° de longitude Est. Elle est limitée au Nord par la Méditerranée, au Sud par le Désert, à l'Est par le royaume de Tunis, à l'Ouest par l'empire de Maroc.

Elle est traversée dans le sens de sa longueur par la longue chaîne de l'Atlas qui court de l'Est à l'Ouest, et dont les nombreux contreforts s'étendent de chaque côté vers la mer et vers le Désert. On arrive à son sommet par une succession de plateaux superposés, sans avoir à gravir des masses isolées d'une grande élévation et d'un accès difficile. Les deux versants, l'un au Nord, l'autre au Sud, forment deux immenses bassins, dont l'un pourrait s'appeler Méditerranéen, et l'autre Saharien.

Ses points culminants n'ont pas une très-grande élévation ; jamais ils n'ont supporté d'éternels frimas, et leur sommet ne se couvre que passagèrement de neige. On cite comme points les plus élevés dans l'enceinte de l'Algérie, le Djebel-Ammer, l'Ouenscris et le Jurjura, au sommet desquels la neige paraît en octobre ou novembre et disparaît en avril et mai : leur plus grande élévation n'a pas trois mille mètres.

Ainsi, point d'élévation suffisante pour conserver la neige pendant l'été, c'est dire qu'il n'y a point de cours d'eau sérieux, mais des torrents impétueux qui arrachent les cailloux et la terre végétale aux flancs des montagnes, les roulent au loin dans les plaines, et sont, pendant l'été, réduits à l'état de ruisseaux, ou de mince filets d'eau, quand toutefois ils ne sont pas désséchés complètement.

COURANTS AÉRIENS.

Ainsi que nous voyons sur l'écorce de notre globe, s'établir des courants d'eau plus ou moins abondants, qui sont déterminés par l'infiltration, par la chute des pluies, par la fonte des neiges et des glaces, de même il existe au-dessus de nous des courants aériens qui sont déterminés d'abord par une cause générale, et qui se modifient et se subdivisent suivant les causes locales.

Le pays qui nous occupe se trouve sous la ligne par où s'opère le contact aérien du plus grand foyer de chaleur, et du plus grand réfrigérant de notre hémisphère : le Désert de Libye et le pôle arctique.

On sait que l'air échauffé se dilate, s'allége et s'élève vers les régions supérieures ; le vide qu'il fait est aussitôt remplacé par de l'air froid qui se presse des points où le foyer de chaleur ne se fait pas sentir. Il s'établit alors une circulation de deux courants opposés, l'un supérieur, l'autre inférieur, plus froid, qui agissent en sens inverse et qui fonctionnent avec plus ou moins d'activité jusqu'à ce que la densité de l'air soit égale sur la majeure partie de leur parcours.

C'est ce phénomène qui se passe parmi nous. Au centre du grand Désert, dans le voisinage du tropique, s'élève une immense colonne d'air chaud qui est à mesure remplacée par de l'air plus dense ; elle se dirige vers le nord de l'Amérique et s'abaisse au fur et à mesure qu'elle se refroidit ; elle s'avance devant les rayons du soleil en même temps que ceux-ci vont échauffer les régions polaires. Alors, dans la région que nous habitons, l'équilibre de l'air se rétablit parfaitement, il fait un temps calme et chaud.

Mais lorsque notre hémisphère s'incline et s'éloigne du soleil qui va échauffer d'autres régions, l'air polaire s'avance avec impétuosité et nous amène les vents, la pluie et l'hiver.

La ligne par où s'établissent les courants qui ont tant d'influence sur le climat algérien, part du milieu du Désert, par 20° de latitude Nord et 20° de longitude Est, prend sa direction vers le Nord-Ouest, franchit le Fezzan, longe la côte de Tripoli, franchit l'Atlas, traverse en plein nos possessions, passe à Gibraltar, glisse sur l'Océan atlantique à la droite des Açores, et plus loin, entre la baie d'Husdson et le Groënland, passe sur l'île de Cumberland, et peut s'engager au-delà de la mer polaire. Le courant inférieur opposé qui nous vient du pôle, n'éprouve d'autres obstacles, dans tout son parcours, que les faibles hauteurs des ramifications de l'Atlas qu'il franchit sans difficulté, et le pays que nous habitons étant placé en deçà, se trouve en communication directe avec le pôle, puisqu'à l'exception d'un petit trajet par terre, depuis le revers ouest jusqu'à Gibraltar, le reste du parcours a lieu sur la surface unie de l'Océan.

Ainsi, pour nous, deux points éloignés, dont la température a une différence très-prononcée, se mettent en contact par un déplacement continuel, tant que la majeure partie du trajet qui unit ces deux points ne s'est pas mise en équilibre de température, ce qui est subordonné à la marche du soleil. Il en résulte la scission de l'année en deux saisons seulement, mais bien tranchées, l'une calme, chaude et sèche ; l'autre venteuse, pluvieuse et plus froide.

DES VENTS.

Peu de temps après le 23 septembre, époque où le soleil franchit la ligne équatoriale pour aller échauffer à son tour l'hémisphère austral, ce que l'on nomme l'équinoxe d'automne, l'air polaire se refroidit au fur et à mesure de l'éloignement du soleil ; ce refroidissement gagne et s'avance successivement, et bientôt les vides que forme l'air chaud vers le centre du Désert sont remplis par l'air froid du pôle dont la masse s'ébranle et se précipite avec impétuosité ; c'est alors que le grand équilibre atmosphérique qui existait depuis cinq mois est rompu.

Ces premiers vents n'amènent pas d'abord un abaissement de température bien sensible, parce qu'elle est graduée sur tout leur parcours, et que le courant se met en équilibre avec les couches d'air qu'il traverse. Ils conservent leur violence pendant octobre et novembre, et ne se font sentir que par bourrasque, puis il diminuent en décembre et janvier, quelquefois même en février, pendant lesquels ils ne se font sentir que sous l'influence d'une forte brise : c'est quelquefois le moment le plus agréable de l'année, car nous avons une température douce, du soleil tous les jours, des ondées de tems en tems ; l'atmosphère semble avoir repris son équilibre.

Mais à partir de cette époque, c'est-à-dire le plus ordinairement vers la fin de janvier, comme le soleil se rapproche de l'équateur et qu'il commence à augmenter la température de la portion tropicale de notre hémisphère, de nouveaux vides se reforment par l'allégement de l'air échauffé. Alors le courant polaire se précipite de nouveau, il est d'autant plus froid qu'il y a longtemps que le soleil a disparu de ces régions ; le vent est incessant, tantôt il se précipite par bouffées qui amènent la pluie ; dans les intervalles de ces bouffées, il souffle, uniformément, il est aigu, froid et sec, il calcine et gerce la surface du sol aussitôt qu'une ondée l'a détrempé ; c'est dans ces conditions qu'il est connu des agriculteurs sous le nom de grand hâle. Ce hâle continue jusque vers la deuxième quinzaine de mai, tandis que la pluie devient de plus en plus rare ; et lorsque le calme se rétablit et que la chaleur commence, le sol est déjà desséché et durci à sa surface. C'est un des plus grands inconvénients que le cultivateur ait à combattre.

Les vents généraux soufflent depuis le mois d'octobre jusqu'au mois de mai, dans la direction du Nord-Ouest : quelquefois, et après le mois de mars, ils varient du Nord à l'Est, et quelquefois du nord à l'Ouest ; mais ces variations sont de courte durée et c'est toujours vers la fin de la saison venteuse qu'on les observe. Pendant l'été, l'action des vents est subordonnée aux causes locales : près du rivage, il fait grand calme, et nous avons régulièrement toutes les après-midi, une légère brise de mer ; dans l'intérieur, le mouvement ne s'opère qu'entre les vallées et les points élevés ; aussi, l'air y est moins rafraîchi qu'auprès du rivage ; il arrive souvent que l'on y ressent deux courants à la fois qui se réunissent en formant un angle aigu, dont l'un est chaud et l'autre froid.

Quelquefois, pendant l'été, le courant saharien, qui occupe toujours les régions supérieures, s'abaisse et se fait sentir au niveau du sol ; il est quelquefois très-violent et toujours très-chaud, c'est ce que les Arabes appellent le *semoun*, les Italiens et les Espagnols le *sirocco*, il vient toujours dans la direction du Sud-Est ; il élève la température jusqu'à 45° centigrades. A ce point, le soleil est obscurci par la quantité de poussière qui est charriée dans l'air, l'atmosphère prend une teinte rougeâtre qui ferait croire qu'un immense incendie embrâse la terre : de violentes bourrasques ou plutôt de brûlantes effluves se succèdent et enlèvent jusqu'au dernier atôme d'humidité répandue dans l'atmosphère. Toute fonction vitale est alors suspendue chez les végétaux, tout ce qui est herbacé se flétrit, se crispe, s'incline et expire ; ces champs, ces arbres, si parés naguère de leur verdure, sur laquelle l'œil aime tant à se reposer, ne présentent plus que le tableau de la désolation.

Quelques jours après, il est peu de végétaux qui ne portent l'empreinte du fléau, si on en excepte ceux qui sont tout-à-fait naturels au climat tels que : les oliviers, lentisques, pins, etc., qui en sont quittes pour avoir les feuilles recoquillées ; mais les arbres à feuilles caduques, ont, la plupart du temps, les extrêmités des rameaux détruites, les feuilles adultes se détachent, et les végétaux exotiques des régions élevées succombent. Telle est, en raccourci, l'action du vent du Désert sur la végétation ; le vent du pôle a une action toute différente.

La persistance de ce vent dans la même direction , sa force, et surtout sa violence, impriment aux cîmes et aux branches des arbres qui y sont exposés une flexion qu'ils conservent, et tous les rameaux croissent du côté opposé au vent. Cependant, on voit peu d'arbres arrachés par la violence des vents, cela tient à plusieurs causes : la première est que, l'arbre habitué dès sa jeunesse à résister à cette force, fait des racines puissantes en état de le maintenir ; puis la sécheresse continuelle de la surface du sol pendant la végétation, force les racines à s'étendre plus profondément dans le sol pour y puiser l'humidité qui est nécessaire à l'alimentation de l'arbre.

Le vent du pôle a toujours une température très-basse vers le milieu de l'hiver, il est en même temps très-sec, car à son point de départ il doit passer sur des surfaces glacées ; il frappe de stérilité tout ce qu'il touche directement, les arbres sont paralysés du côté qu'ils sont touchés habituellement ; tous les côteaux qui regardent cette direction sont dénudés, et la végétation des céréales et des prairies est suspendue.

La température moyenne de l'hiver est de 12° 43 vers la fin, c'est-à-dire au mois de février : l'action du soleil devenant plus forte, les céréales, les prairies, certains arbres sont en végétation. Il arrive souvent que, lorsque ce vent donne, il n'a une température que de $+$ 2° ; tous les végétaux qu'il frappe se mettent en équilibre de température avec lui, cette transition arrête subitement la végétation, les jeunes pousses des arbres sont comme atteintes de la gelée, et les végétaux exotiques qui semblaient devoir résister, meurent, tandis que, des points où son action directe n'a pas lieu et qui sont protégés par des abris naturels et artificiels, la température se conserve à 8, à 10°, et les végétaux qui s'y trouvent n'en souffrent nullement ; de là, la nécessité de créer de nombreuses digues au vent du Nord-Ouest, de multiplier les abris autour de ses cultures et de disposer ses plantations en conséquence.

DE LA PLUIE.

Vers le milieu de l'Océan, l'air est toujours voisin du point de saturation, il suffit d'un léger abaissement de température pour que cette vapeur passe à l'état liquide ; l'air polaire qui arrive plus froid que ce point de saturation, pousse ces vapeurs dans la direction du Sud-Est, en les convertissant en eau.

La pluie commence à tomber quand le courant polaire commence à se faire sentir au moment de l'équinoxe d'automne ; elle lui est entièrement subordonnée et en est naturellement la conséquence ; comme lui, elle arrive au degré de température des couches qu'elle traverse, comme lui elle va toujours se refroidissant jusque vers la fin de l'hiver, où elle tombe à l'état de giboulée ou de neige.

Les nuages arrivent au bord du continent chargés d'autant de vapeur d'eau que le vent peut en soutenir ; la condensation qui a lieu alors produit beaucoup plus de pluie que quand les nuages arrivent plus avant dans l'intérieur : ainsi, il doit pleuvoir davantage sur une partie du royaume de Maroc qu'en Algérie, davantage en Algérie que dans le royaume de Tunis, davantage dans ce dernier pays qu'à Tripoli, et davantage à Tripoli qu'en Egypte et au Désert, où il ne pleut plus. La raison n'en est pas seulement de ce que les nuages en se déchargeant fournissent moins d'eau, mais aussi de ce que les vents qui les soutiennent s'échauffant à mesure qu'ils avancent, deviennent de plus en plus secs et s'éloignent ainsi du point de saturation.

La pluie qui tombe annuellement est, d'après une moyenne de sept années, établie par M. Don, ingénieur en chef des Ponts-et-Chaussées, à Alger, de 856^m, 332; la moyenne des jours pluvieux, pendant le même laps de temps, est de 53-26, et le nombre de snuits de 45-29, qui sont ainsi répartis :

MOIS.	NOMBRE de jours.		QUANTITÉ de pluie en millim.		NOMBRE de nuits.		QUANTITÉ de pluie en millim.		TOTAL.
Janvier.	9	00	60	886	7	43	67	857	
Février.	6	13	43	129	7	00	71	093	
Mars.	5	57	38	536	4	43	37	407	
Avril.	5	86	47	314	5	14	47	336	
Mai.	3	57	12	914	2	57	22	107	
Juin.	1	00	3	071	0	29	1	214	
Juillet.	0	14	0	214	0	14	0	000	
Août.	1	71	7	857	0	29	0	357	
Septembre.	3	00	11	414	2	00	17	893	
Octobre.	4	86	43	521	2	86	23	857	
Novembre.	4	71	62	135	5	00	66	543	
Décembre.	7	71	78	335	8	14	91	342	
	53	26	409	326	45	29	447	006	856 332

L'année la moins pluvieuse a donné le produit suivant :

MOIS.	NOMBRE de jours.		QUANTITÉ de pluie.		NOMBRE de nuits.		QUANTITÉ de pluie.		TOTAL.
Janvier.	8	0	71	75	7	0	20	75	
Février.	6	0	56	75	5	0	47	25	
Mars.	5	0	24	50	4	0	44	50	
Avril.	4	0	50	50	8	0	79	00	
Mai.	3	0	18	50	1	0	3	50	
Juin.	0	0	0	00	0	0	0	00	
Juillet.	0	0	0	00	0	0	0	00	
Août.	3	0	1	50	0	0	0	00	
Septembre.	3	0	10	00	0	0	0	00	
Octobre.	6	0	55	50	4	0	28	50	
Novembre.	8	0	62	50	14	0	113	50	
Décembre.	2	0	13	50	4	0	19	00	
	48	0	364	75	47	0	356	00	720 75

L'année la plus pluvieuse a donné le résultat suivant :

MOIS.	NOMBRE de jours		QUANTITÉ de pluie		NOMBRE de nuits.		QUANTITÉ de pluie.		TOTAL.	
Janvier.	5	0	62	00	5	0	104	25		
Février.	11	0	72	50	9	0	112	50		
Mars.	6	0	38	75	7	0	48	50		
Avril.	13	0	75	75	11	0	94	75		
Mai.	6	0	26	00	11	0	62	75		
Juin.	0	0	0	00	0	0	0	00		
Juillet.	1	0	1	50	0	0	0	00		
Août.	2	0	7	25	2	0	2	50		
Septembre.	5	0	19	50	5	0	22	00		
Octobre.	3	0	20	00	6	0	61	00		
Novembre.	2	0	4	50	3	0	17	75		
Décembre.	7	0	96	00	12	0	97	00		
	61	0	442	75	71	0	623	00	104	75

On voit que les jours pluvieux sont plus nombreux que les nuits, et que, cependant, il est tombé plus d'eau la nuit que le jour.

La moyenne de pluie tombée pendant ces douze mois est ainsi répartie :

MOIS.	QUANTITÉ de pluie.		MOIS.	QUANTITÉ de pluie.	
Janvier.	128	743	Juillet.	0	274
Février.	114	221	Août.	8	214
Mars.	75	943	Septembre.	29	307
Avril.	94	650	Octobre.	67	379
Mai.	35	21	Novembre.	128	679
Juin.	4	286	Décembre.	169	678
TOTAL....				856	335

La pluie va en augmentant depuis le mois d'août jusqu'au mois de décembre, et va en diminuant depuis le mois de janvier jusqu'au mois de juillet ; le maximum de la pluie tombée mensuellement a lieu en décembre, et le minimum en juillet. La sécheresse commence en mai et se continue jusqu'à la fin de septembre et quelquefois octobre, parce que la petite quantité d'eau qui tombe alors passe inaperçue, étant aussitôt évaporée.

Un ciel toujours clair et limpide , un soleil ardent , un vent violent, continu, très-sec pendant l'hiver , un vent chaud qui émane du Désert pendant l'été, un sol dénudé et battu, sont des causes énergiques d'évaporation ; tout porte à croire qu'elle approche beaucoup de la quantité d'eau tombée. Le nombre des jours pluvieux n'est pas indifférent pour apprécier l'humidité d'un climat. Dans le nord de la France, où la quantité d'eau tombée est de 654^{mm}, 8, le nombre de jours pluvieux est de 144 ; ils sont presqu'également répartis pour chaque mois. Les mois les plus chauds sont précisément ceux qui sont les plus pluvieux ; tandis qu'à Alger la plus grande quantité de pluie vient dans le moment le plus froid de l'année et profite peu à la végétation ; le nombre des jours est de 53-26, pour 856^{mm}, 332 de pluie dont 5 jours, 55 représentent les quatre mois les plus chauds de l'année.

On a souvent dit, et on le répète encore tous les jours, que si l'Algérie était boisée, les pluies seraient plus abondantes et surtout réparties plus uniformément pendant tout le cours de l'année. Oui, sans doute, si les montagnes au lieu d'être dénudées, étaient couvertes de hautes futaies ; si les plaines , au lieu d'être ouvertes à la violence des vents, étaient coupées ça et là d'arbres vigoureux formant de belles ceintures, la pluie qui tomberait sur la montagne ne frapperait plus un sol battu et ne se précipiterait plus, mais tomberait sur le feuillage des arbres, de là sur le sol, l'imprégnerait lentement ; les sources seraient plus nombreuses et plus abondantes pendant l'été ; les **ruisseaux**, les rivières auraient un cours régulier, ce ne seraient plus pendant l'hiver de violentes cataractes qui ne laissent pendant l'été que des lits déséchés ; le vent ne raserait plus le sol et ne lui enlèverait plus immédiatement son humidité, l'évaporation serait moins grande, le froid serait moins sensible en hiver et la chaleur plus supportable en été, de même que l'aridité serait moins grande : voilà ce qu'on obtiendrait si l'Algérie était boisée. Mais il ne tomberait de pluie ni plus tôt, ni plus tard, ni davantage : pour obtenir ce résultat, il faudrait changer la direction des courants aériens qui influent sur notre climat, il faudrait élever le Désert, le couvrir de végétation et faire disparaître les glaciers du pôle. Les conditions climatériques sont ce qu'elles seront toujours, c'est à nous de **savoir** tirer parti du pays tel qu'il est, en y apportant **réunis**, notre industrie, notre courage et notre persévérance.

Le déboisement de l'Algérie est une conséquence naturelle de son climat ; la cause en est bien plus **dans l'in**fluence pernicieuse de deux vents contraires, et dans la mauvaise répartition des pluies, que dans le pâturage des bestiaux et l'incendie des pasteurs, où l'on s'est toujours efforcé de la découvrir.

Tant que le sol conserve une certaine dose d'humidité, les rosées sont abondantes, mais quand le vent d'abord, et le soleil ensuite, l'ont déséché profondément, ce qui arrive vers la mi-juin, les rosées ne sont plus sensibles que sur les bords des cours d'eau, des marais et dans les terrains arrosés ; cet état se continue jusque vers la fin de septembre. Fréquemment, il se forme des brouillards le matin au centre des plaines qui, malgré la sécheresse environnante. conserve encore de l'humidité, parce que ces niveanx inférieurs servent de récipient ; il s'en forme aussi quelquefois sur le bord de la mer. ces brouillards durent peu d'ordinaire, le soleil de midi les fait disparaître, mais dans la Mitidja ils se renouvellent presque chaque matin.

TEMPÉRATURE.

La température de l'Algérie, établie sur une moyenne de quatre années, est ainsi répartie :

MOIS.	DEGRÉS de température	MOIS.	DEGRÉS. de température.
Janvier.	11° 64	Juillet.	24° 03
Février.	12° 68	Août.	24° 71
Mars.	13° 33	Septembre.	22° 87
Avril.	15° 02	Octobre.	20° 27
Mai.	19° 07	Novembre.	16° 62
Juin.	21° 95	Décembre.	12° 86

On voit que c'est le mois de janvier qui est le plus froid, et le mois d'août le plus chaud. Cependant, il arrive souvent que l'extrême de la température froide se fait sentir en février, par la raison qui a été dite plus haut, que le vent est dans son plus grand abaissement de température, qu'il ne se fait sentir que par intermittences, et que le soleil prend plus de force, la somme de chaleur reste plus élevée qu'en janvier, les extrèmes de température sont de $+ 1°$ pour le froid, et $+ 45°$ pour la chaleur.

L'hiver de 1844-45, a été un des plus rigoureux que nous puissions avoir ; pendant trois jours on a pu observer le thermomètre à l'action directe du vent du Nord-Ouest marquer, le matin, $+1°$, il tomba de la neige fondante pendant ces trois jours, et le thermomètre placé sur le sol dans un endroit découvert marquait zéro. Aussi nous avons considéré que les végétaux des pays plus rapprochés de l'équateur que le nôtre, et qui avaient résisté à cet hiver, pouvaient être considérés comme acquis au climat.

La température varie suivant la hauteur et le relief du terrain, suivant les obstacles et les abris naturels ou artificiels qui s'opposent à l'action directe des vents ; elle varie comme de 2 à 8 entre un endroit ouvert et un endroit habité. On conçoit dès-lors quel rôle important les abris doivent jouer dans la culture algérienne.

VÉGÉTATION.

Si on examine l'ensemble des végétaux ligneux qui croissent spontanément, on voit qu'ils sont divisés en trois catégories dont une appartient à une zone plus septentrionale, l'autre à une zone plus méridionale, enfin la troisième purement aborigène, et qui caractérise plus particulièrement la région.

La première se compose d'arbres à feuilles caduques, dont les rameaux sont pourvus de gemmes écailleux qui se disposent pour l'hivernage comme dans leur véritable région : ils craignent la sécheresse, ils stationnent de préférence dans les terrains humides, dans les ravins sur le bord des cours d'eau. Tels sont les peupliers d'Italie, les ipréaux, les peupliers noirs que l'on rencontre avec des dimensions énormes sur les bords de la Safsaf ; les aulnes, les frênes, les ormes.

La seconde se distingue par des végétaux, la plupart monocotylées et succulents, tels que les agaves, les cactes, les chamérops, les dattiers, qui semblent détachés d'une région plus tropicale.

La troisième, qui est celle propre au pays, se caractérise par des arbres dont la majeure partie sont toujours verts, qui ne sont pas munis de gemmes écailleux, dont les feuilles sont le plus souvent simples, petites, raides, sèches, coriaces, très-solides, se rapprochant de la structure du feuillage des phyllodinées, qui sont plus particulièrement propres à l'Océanie ; tels sont les oliviers, les phylirea, les lauriers francs, les pistachiers, les caroubiers, les chênes-liége, les yeuses, les ballotes, les kermès, qui sont les essences prédominantes et qui habitent les sols en pente et les plus secs ; ils sont constitués pour supporter les vents, la sécheresse et l'aridité atmosphérique.

Ces trois nuances tranchées dans la végétation du pays, indiquent suffisamment que l'on peut y cultiver avec succès des végétaux des contrées plus septentrionales, et des contrées plus méridionales, en prenant toutefois les précautions qui en assurent la réussite et qui en rendent la culture profitable.

On est étonné de l'attitude qu'affectent généralement tous les arbres aborigènes proprements dits, celle de croître plus en largeur qu'en hauteur, d'avoir constamment une cîme large et applatie. S'il arrive à quelques espèces de nature à prendre une grande élévation, de se trouver dans des conditions de terrain propres à favoriser leur plus grand développement, elles croissent pendant quelque temps avec vigueur, puis arrivées à la hauteur ordinaire des arbres du pays, leur cîme se dessèche, leur végétation s'étend horizontalement, c'est ce que l'on peut observer sur les peupliers d'Italie, plantés à Bouffarick, au centre de la plaine de la Mitidja, dans des conditions de sol humide qui ne laissent rien à désirer pour cette essence, et cependant ces arbres sont impuissants à s'élever au-delà d'une hauteur de 10 à 12 mètres. On en remarque cependant qui s'élèvent davantage, et qui ne paraissent pas encore souffrir par la sommité ; ceux-là se trouvent ordinairement à la base immédiate d'une colline rapide dont le sommet est bien des fois plus élevé.

Cette impuissance pour la végétation de s'élever au-delà d'une certaine limite qui est loin d'être la limite ordinaire, ce refoulement de la cîme des arbres vers le sol, prouvent évidemment qu'il existe à une hauteur plus ou moins grande une couche d'air où elle est impossible, et dont l'aridité est entretenue par le courant aérien du Désert.

Tous les arbres qui croissent en Algérie affectent cette forme, qui leur est recommandée par cette cause impérieuse ; les pins ont dû la subir pour vivre sous ce climat ; on ne reconnaît plus, dans le port écrasé, la cîme élargie du pin pignon et du pin d'Alep, l'image que l'on prête au genre pin, dont la forme est celle d'une pyramide, et qui élance sa flèche aiguë vers le ciel.

Si on examine les revers des montagnes et des côteaux qui font face à l'Ouest et au Nord, on voit qu'ils sont pelés, ou simplement couverts de broussailles rabougries, composées presque exclusivement de chênes aux kermès et de lentisques ; si on rencontre des arbres d'une hauteur appréciable, réunis aux groupes ou isolés, c'est toujours dans des dépressions de terrain où s'accumulent l'humus et l'humidité, et plus souvent en plus grand nombre sur les revers opposés qui regardent l'Est et le Sud. C'est l'influence pernicieuse du courant polaire qui cause cette perturbation, son action incessante au moment de la végétation, la paralyse, s'oppose au développement et à la reproduction des semis. La même chose a lieu dans les plaines, en dehors des endroits où l'humidité est assez grande pour exciter la végétation.

Dans un massif accidenté, tous les ravins et toutes les pentes exposés à l'Est et au Sud ne sont pas toujours garantis du vent de Nord-Ouest, par la raison qu'il est quelquefois gêné dans sa marche par des obstacles contre lesquels il frappe et qui le renvoient dans différentes directions, quelquefois sur lui-même.

Ce n'est pas sur le sommet des montagnes ou sur leurs revers opposés à l'action du soleil que se trouvent, comme on pourrait le croire, les parcelles de forêts que l'on cite et où croît le cèdre, mais sur les revers Est et Sud, où le vent de Nord-Ouest ne frappe pas directement ; cette exposition est la plus abritée des vents et celle qui conserve le plus d'humidité, quoique le soleil y darde constamment, et, bien que son action directe soit une cause d'évaporation, elle est beaucoup moindre, pour ce qui regarde le sol, que celle qui résulte de l'action des vents froids et secs, et, dans le premier cas, elle est considérablement modifiée lorsque l'ombrage des arbres se projette sur le sol.

Le courant saharien, se maintenant constamment dans les régions supérieures, et forcé encore par le relief du terrain de s'élever davantage, ne frappe pas ces localités privilégiées, qui jouissent d'une atmosphère tranquille, absorbant moins l'humidité du sol.

Ce qui se passe en grand, pour ce qui regarde les effets météorologiques d'un climat sur la richesse naturelle du pays qui en dépend, se reproduit aussi dans les proportions relatives pour un champ de blé ; les portions du champ qui sont exposées à l'action directe des vents d'hiver restent chétives, ne tallent pas, et ne donnent qu'un maigre produit, tandis que les portions abritées, dans des conditions égales de sol d'ailleurs, donneront un produit quatre ou cinq fois supérieur. On conçoit dès-lors l'immense avantage qu'il y a à se créer des arbris, non seulement pour les céréales, mais pour toutes les cultures d'hiver, qui alors seraient les plus abondantes qui existent, parce qu'avec la diminution du refroidissement il y aurait une plus grande économie d'humidité, qui amènerait les plantes à maturité dans leur plus grand développement, ce qu'on voit rarement dans l'état actuel.

La culture des grands végétaux, c'est-à-dire des arbres, devra figurer au moins pour un tiers dans l'exploitation agricole en Algérie ; on peut former ses abris de sa culture même sans plus de dépenses. Au lieu d'éparpiller ses arbres sur toute la surface des champs en culture, ce qui est en tout contraire aux lois naturelles et au profit du cultivateur, parce que les végétaux, on peut le dire, sont en guerre ouverte les uns contre les autres ; si on laisse des espèces différentes pêle-mêle, elles se disputent les principes nourriciers du sol, l'humidité et la lumière : il y en a toujours une qui se rend la plus forte et qui vit au détriment des autres.

Il est sans exemple que l'on se soit bien trouvé de tenir à l'ombre les végétaux que l'homme a admis dans son économie rustique, et dont les produits, pour être bons et abondants, ne peuvent s'obtenir qu'à la condition d'une complète maturité ; l'action de complanter les arbres dans les champs, dans le but de protéger les récoltes contre l'ardeur du soleil, est un non-sens dont la logique, la physiologie et l'économie des assolements feront un jour justice, non-seulement dans le Nord, mais encore dans les climats méridionaux.

Au lieu donc d'éparpiller ses arbres sur la surface cultivée, ou de les disposer en lignes espacées au tour des champs où ils sont isolés et exposés à toutes les causes destructives, il conviendrait de les réunir et de les masser, de manière à ne leur laisser que juste la place pour atteindre tout le développement dont ils sont susceptibles, et de placer ces masses sur les points de l'exploitation où le vent du Nord-Ouest se fait sentir.

En supposant une exploitation d'une grandeur indéterminée et d'un seul tenant, sur la limite Nord-Ouest de la propriété, et diamétralement opposée à la direction des vents continus, on établirait une première ligne d'arbres qui courrait, autant que possible, dans la direction du Nord-Est au Sud-Ouest ; elle serait composée des espèces du pays les plus rustiques et à feuillage toujours vert. Comme cette première ligne serait la plus exposée, celle qui recevrait toute la violence du vent, il conviendrait de la composer de deux ou trois rangées de cyprès, l'arbre des abris par excellence, dont la nature, dans sa sage prévoyance, semble avoir doté exprès l'Algérie ; en seconde ligne, on mettrait les oliviers ; en troisième ligne, des mûriers, qui seraient ainsi préservés de la destruction dont les jeunes feuilles sont attaquées chaque année : la récolte serait alors infaillible ; en quatrième ligne, des arbres fruitiers, qui trouveraient là l'uniformité de température qui leur convient pendant leur végétation.

Les cyprès, qui occuperaient la première ligne, atteindraient en moyenne la hauteur de 12 à 15 mètres ; le vent qui frapperait en plein serait divisé par la flexion des branches, et se perdrait dans le massif ; celui qui franchirait le massif irait frapper la terre 120 à 150 mètres plus loin.

A cent mètres de la première ligne on établirait encore une ligne, qui serait le commencement d'un second massif ; on continuerait ainsi à établir tous les cent mètres un massif d'arbres ainsi composé ; on aurait, de la sorte et alternativement, une bande boisée, composée d'arbres les plus productifs, se protégeant mutuellement, et une bande de terre arable parfaitement abritée.

Les courants atmosphériques ne raseraient plus le sol, la distance observée dans l'échelonnement des abris ne leur permettrait pas de frapper plus bas que la moitié de leur hauteur ; ils ne seraient pas rejetés en arrière, comme cela aurait lieu, s'ils frappaient contre un mur ou une colline, parce que le vent, passant à travers les feuilles et les branchages, serait divisé et tamisé, si on peut le dire ; il perdrait constamment de sa violence.

On conçoit qu'une telle disposition modifierait singulièrement les conditions atmosphériques, et élargirait considérablement la limite actuelle des végétaux exotiques de toutes les contrées qui pourraient y prospérer.

On ne peut guère préciser à l'avance quels sont les végétaux ligneux des climats plus chauds que celui de l'Algérie qui pourraient s'accommoder de son abaissement de température, et quels sont ceux des pays plus septentrionaux qui pourront s'accommoder de son aridité pendant l'été ; nos expériences et nos observations en ce genre sont encore trop circonscrites pour nous guider sûrement ; il faut tenir compte de l'altitude à laquelle croît le végétal, ce que l'on ignore la plupart du temps et vous plonge dans de grandes méprises ; il faut que le moment de sa croissance coïncide avec la saison favorable du pays dans lequel on veut l'implanter ; enfin, il faut bien se pénétrer d'une chose, c'est que les végétaux ne s'implanteront, ou, si on le veut, ne se naturaliseront qu'à la condition de leur donner un milieu identique à celui qu'ils occupent dans leur station naturelle. On se méprend trop généralement sur le sens à accorder à ce que l'on appelle naturaliser un végétal ; sous l'empire de cette idée, on se figure avoir modifié son tempéramment, tandis que, réellement, on n'a fait que lui donner des conditions analogues à celles d'où il est sorti.

Entre les considérations les plus essentielles à observer, celle de la température est la plus importante, et, à peu d'exceptions près, on peut réunir en un lieu donné tous les végétaux de tous points du globe dont la température est semblable, et, par les moyens dont la culture dispose, on peut même espérer de pouvoir anticiper sur les extrêmes, c'est-à-dire sur les latitudes plus basses et plus élevées.

Il est évident que, sous l'équateur, au niveau de la mer, la plupart des végétaux qui y croissent ne supporteront pas l'abaissement de température de l'hiver de l'Algérie ; mais à 1, 622^m 88 d'élévation, les végétaux jouissent d'une température moyenne semblable à celle d'Alger ; en partant de cette altitude sous l'équateur et en diminuant de 47^m pour chaque degré de latitude Nord, nous arriverons à celle d'Alger, et, au niveau de la mer, après avoir passé par tous les points qui doivent avoir la même température moyenne, suivant la loi qui admet le décroissement de 1° pour 168 mètres d'élévation pour notre hémisphère.

La limite vers le Nord, des plantes qui peuvent se cultiver avec succès en Algérie, peut s'étendre jusque vers le 50°, ou région du pommier et des herbages, sans altitude.

La température de l'hémisphère austral, étant moins élevée à la latitude égale que celle de l'hémisphère boréal, il ne faudrait pas che. cher une aussi grande élévation pour obtenir la moyenne de 17° 84 ; cette circonstance nous permet d'introduire des végétaux beaucoup plus rapprochés de l'équateur : ainsi les plantes de Madagascar et du Brésil résistent infiniment mieux que celles des antilles, qui se trouvent sous les mêmes parallèles.

Au commencement de l'été 1844, nous avons mis à la pleine terre 56 espèces de végétaux ligneux qui croissent d'ordinaire entre les tropiques : la plupart n'avait qu'un an de végétation ; ils crûrent tous pendant l'été avec une vigueur remarquable, favorisés d'une humidité en rapport avec la chaleur. Lorsque la température commença à baisser , en octobre, nous établîmes pour nos plantes , qui étaient réunies par rangées dans un carré, une série d'abris en roseaux assez rapprochés, et orientés de manière à ce que le vent du Nord-Ouest ne pût les frapper directement. Tous ces végétaux ne parurent nullement souffrir jusqu'à ce que la température fut abaissée à + 5°.

Végétaux qui ont succombé à un abaissement de + 5°.

Hymenea courbaril.	Inga unguis-cati.
Crescentia cujete.	Bauhinia tomentosa.
Bauhinia anatomica.	Carolinea princeps.
Desmodium umbellatum.	Copaifera officinalis.

Végétaux qui ont succombé à un abaissement de + 3°.

Acacia stipularis.
Bixa orellana.
Adenanthera pavonina.
Spondias monbin.
— cytherea.
Cocoloba uvifera.

Mammea americana.
Bombax malaricum.
Terminalia catappa.
Calophyllum calaba.
Rheedia americana.

Végétaux qui ont succombé à un abaissement de + 1°.

Guarea trichilioïdes.
Tamarindus indica.
Acacia nilotica.

Averhooa acida.
Malpighia punificifolia.
Sapindus saponaria.

Végétaux qui ont résisté à un abaissement de + 1°.

Dracœna draco.
Bougainvillea spectabilis.
Allamanda verticillata.
Combretum purpureum.
Sthephanotis floribunda.
Achras du Brésil (Museum).
Tecoma venusta.
Bignonia stans.
Sapindus indica.
Dracœna brasiliensis.
Laurus persea.
Anona cherimolia.
Cœsalpinia echinata.
— sapan.
Moringa pterigosperma.
Acacia Lebbech.

Acacia quadrangularis.
Russelia juncea.
Yatropha multifida.
— curcas.
Brunsfelsia violacea.
Cordia scabra.
— domestica.
Myrtus pimenta.
Euphorbia splendens.
Hibiscus liliiflorus.
— rosa-sinensis.
— mutabilis.
— abelmoscus.
Sophora tomentosa.
Poinciana reginæ

Un grand nombre de végétaux qui ont succombé ont été surpris par le froid en état de végétation ; il est probable que, si cette dernière eût été plus avancée et que les rameaux eussent été plus aoûtés, un certain nombre encore aurait résisté : ceux qui ont résisté dans cette condition à un abaissement de + 1° peuvent être considérés comme acquis au climat.

On voit, par le résultat de cette expérience isolée, combien le système d'abris, bien compris et intelligemment appliqué, amènerait d'améliorations dans notre région, dont les limites seraient considérablement agrandies par la possibilité d'y cultiver en plus grand nombre des plantes méridionales.

S'il est des végétaux qui ne supportent par l'extrême abaissement de température, il en est d'autres qui ne supportent pas son extrême élévation, et surtout l'aridité atmosphérique qui en est la suite, dans les conditions actuelles et ordinaires du pays, soit que ces végétaux vivent habituellement à une altitude trop grande par rapport à la latitude, soit dans une atmosphère constamment saturée d'humidité ; soit enfin qu'ils soient habitués à une température plus uniforme.

Végétaux ligneux qui ont succombé à la haute température et à l'aridité de l'été.

Casuarina paludosa.	Daphne indica.
Aucuba japonica.	Acacia dealbata.
Cuninghamia lanceolata.	Magnolia yulan.
Araucaria imbricata.	— umbrela.
— brasiliensis.	— purpurea.
Illicium floridanum.	Magnolia macrophylla.
— anizatum.	Rhododendron (genre).
Clianthus puniceus.	Azalea (genre).
Burchelia capensis.	Kalmia latifolia.
Abies religiosa.	— glauca.
Frenelia capensis.	Ledun latifolium.
Thea viridis.	Mendozia vellosiana.
— bohea.	Andromeda (genre).
Camelia japonica.	Hakea suaveolens.

Il n'est cependant pas impossible de rencontrer un petit nombre de localités où ces végétaux pourraient prospérer, tels que les ravins élevés, humides et ombrés.

L'ensemble des phénomènes météorologiques qui s'accomplissent dans l'espace d'une année, l'ont partagée en deux divisions climatériques bien tranchées ; l'hiver qui est la saison la plus froide et qui reçoit toutes les pluies ; l'été, saison chaude et sèche. Ces deux saisons ne sont pas moins caractérisées par leur production.

L'hiver reçoit en partage une température modérée et toute la pluie de l'année, cette saison est particulièrement propre à la production des céréales et herbages ; bien que le mètre à-peu-près d'eau qui tombe pendant cette saison puisse suffire pour toute l'année, étant convenablement répartie, et dans des conditions ordinaires, il arrive cependant, que les terrains plats ont absorbé cette quantité à la fin de mai, soit par l'évaporation directe, soit par l'action des vents secs et l'infiltration dans les couches inférieures, et qu'à cette époque la croûte du sol a perdu, à une certaine profondeur, l'humidité qu'elle avait acquise. Là, cesse la végétation des plantes annuelles et herbacées.

La saison chaude est condamnée à la stérilité par le défaut d'humidité, et cependant c'est elle qui offrirait les produits les plus riches et les plus recherchés ; elle est réduite à la production des grands végétaux dont les racines puissantes peuvent puiser dans les profondeurs de la terre l'humidité qui leur est nécessaire.

Il pleut autant et même plus sur les montagnes que dans les plaines, ces terrains en déclives, nus et durcis, n'absorbent et ne laissent évaporer que la moitié de cette eau ; l'autre moitié, entraînée par son propre poids, suit les pentes, se rend dans les vallées, où elle forme des ruisseaux, des rivières, qui vont en pure perte à la mer ; une autre portion filtre à travers la couche des terrains de transport, glisse sur la couche imperméable, et va aboutir

au plus bas des plaines pour y former des marais pestilen-
tiels qui déciment la population agricole. Et cependant,
c'est ce qui devrait amener la prospérité d'un pays, c'est
ce qui devrait en constituer le principal élément productif,
qui ne passe que pour y causer les plus grands désordres.

La majeure partie des cours d'eau prennent naissance
dans des gorges profondes dont l'ouverture donne sur le
point le plus élevé des plaines, en bouchant ces ouvertures
par des digues, élevées au plus haut point où l'eau puisse
atteindre, on amasserait ainsi le demi-mètre d'eau que
la surface des montagnes rejette ; cette quantité donnerait
la couche liquide de un mètre d'épaisseur nécessaire pour
couvrir la moitié des terres arables disposées pour la
culture d'été.

En résumé, ce pays ne sera rendu fertile, comme il
nous le faut, qu'à la condition de le couvrir d'abris en
boisant d'une manière compacte le tiers de sa surface ;
d'emprisonner toutes ses eaux courantes et de les consacrer
exclusivement à l'agriculture, comme agent naturel et indispensable des facultés productives du sol. — Cette œuvre
n'est pas le fait du travail isolé.

Les hommes se liguent et s'associent pour combattre
leur semblable, qu'ils nomment leur ennemi : il serait autrement beau, il y aurait non moins de gloire à acquérir,
mais à coup sûr, ce serait une action plus utile à l'huma-
nité, de combattre et de vaincre cet ennemi invisible et
plus redoutable que l'homme, que l'on nomme le CLIMAT.

A. HARDY,

Directeur de la Pépinière centrale du gouvernement.

CULTURE ARBORESCENTE.

DES SOINS A DONNER AUX PLANTATIONS EN GÉNÉRAL.

La saison la plus favorable pour faire les plantations est du 15 novembre au 1er janvier. Les arbres verts, à feuillage persistant, résineux ou autres, entrant en végétation de très-bonne heure, aussitôt les premières pluies d'automne, doivent être transplantés dès que la terre est suffisamment détrempée, et avant le 15 décembre ; c'est toujours par ceux-là qu'il faut commencer ; on finit par les arbres à feuilles caduques, qui poussent les derniers.

Les pins, et surtout les cyprès, sont destinés à former des abris contre les vents et à préserver les cultures de leur action destructive. Il faut qu'ils soient conséquemment plantés assez rapprochés. Les pins doivent être massés sur les crêtes des collines et au sommet des plis de terrain, en observant entre chaque arbre une distance de deux mètres ; ce sont les arbres qui viennent le mieux dans les terrains qui ont peu de profondeur. Les cyprès se disposent en lignes échelonnées dans les plaines, sur les terrains plats ou faiblement inclinés. Ils sont distancés de un mètre sur la ligne, un abri se compose d'une ou plusieurs lignes, suivant que l'endroit à abriter est plus ou moins battu du vent ; on distance les lignes de 1 mètre 50 à 2 mètres l'une de l'autre, et l'on a soinde disposer en quinconce l'ensemble de la plantation.

On creuse des trous pour les pins et des tranchées pour les cyprès : ces trous et ces tranchées doivent avoir au moins 0 mètre 70 de largeur, sur autant de profondeur.

Les mûriers, les oliviers, les noyers se plantent à six mètres de distance en tout sens, et les arbres forestiers en général à cinq mètres. Il y à plus d'avantage à les grouper par espèces dans les conditions qui leur sont favorables, que de les éparpiller sur la surface de tout son champ ou d'en faire des bordures. Les mûriers doivent être placés dans un sol profond, perméable au pluies, et dans une position abritée des vents, soit par un rideau d'arbres à feuillage toujours vert, soit par des collines, afin que leurs jeunes pousses ne soient pas détruites au printemps par l'action des vents d'ouest. Les noyers demandent les mêmes conditions ; les oliviers résistent mieux à l'action des vents et peuvent être plantés au premier rang pour servir d'abri à des espèces plus délicates.

Les arbres forestiers, tels que les ormes, les micocouliers, les azédérachs, les robiniers, les féviers, les noyers noirs, les plaqueminiers viennent bien en terrain ordinaire, pourvu qu'il soit profond ; les frênes, les platanes, les ypréaux demandent des terrains frais ; les peupliers, les saules veulent des terrrains tout-à-fait humides ; ces derniers se plantent la plupart du temps par plançons et boutures.

Ces arbres à grande dimension (forestiers, mûriers, oliviers, noyers), dont les racines s'étendent beaucoup, demandent des trous qui ne doivent pas avoir moins de 1 mètre 50 de largeur, sur 0 mètre 90 de profondeur.

Les arbres fruitiers sont les plus délicats, il leur faut absolument de l'abri, une bonne exposition, un bon sol bien préparé ; les uns viennent en terrain ordinaire, d'autres ne peuvent se passer d'irrigation pour prospérer. Si on ne peut pas leur donner ces conditions, si on ne fait que les jeter à travers les champs, exposés aux vents et à la sécheresse, mieux vaut n'en pas planter. La meilleure situation à leur donner est de les grouper dans l'endroit où se font les cultures potagères, où la culture se fait à bras, qui doit être arrosé et abrité des vents, soit naturellement, soit par des rideaux d'arbres verts.

Les amandiers, abricotiers, figuiers, azéroliers peuvent se passer d'irrigation ; les cerisiers, pêchers, pruniers, pommiers, poiriers, coignassiers, bibaciers, orangers, goyaviers en ont impérieusement besoin ; tous, à l'exception des figuiers qui demandent 6 mètres, se plantent à 4 ou 5 mètres de distance en tous sens. Les trous à leur donner ne doivent pas avoir moins de 1 mètre de largeur sur 0 mètre 90 de profondeur ; si toute la surface du sol pouvait être défoncée à cette profondeur, cela vaudrait beaucoup mieux et l'on gagnerait grandement son temps.

Il est utile, en général, que les trous ou tranchées soient ouverts longtemps à l'avance ; on doit profiter de la dernière humidité du printemps pour faire ce travail, la terre s'améliore sous l'influence du soleil de l'été, et l'on est toujours prêt à planter dès que la saison favorable est venue.

Pendant l'arrachage, les arbres ne doivent rester la racine exposée à l'air, que le temps nécessaire pour les sortir de terre, les charger sur la charrette et les planter à demeure ; pendant le transport, les racines doivent être complètement couvertes et garanties du contact immédiat de l'air. En conséquence, chaque voiture destinée à enlever des arbres dans les pépinières doit être munie de foin ou de paille, de bâches, couvertures ou prélarts pour couvrir les racines comme il convient. Il suffit de deux heures de hâle sur les racines nues pour les rendre impropres à la reprise. L'absence de cette précaution jusqu'à ce jour explique pourquoi un si grand nombre de plantations, loin de prospérer, ne reprennent même pas.

La première année de la plantation, il faut prendre tous les moyens possibles pour empêcher la terre de sécher au pied de l'arbre; après un ou deux binages, on couvre la terre sur la largeur du trou ou de la tranchée d'une couche de long fumier, de paille ou de longues herbes, de trente centimètres d'épaisseur au moins, étant bien affaissée; si on peut arroser, on met à chaque pied d'arbre, du 15 mai au 15 septembre, 50 litres d'eau tous les quinze jours; si on ne peut pas mettre cette quantité, mieux vaut n'en pas mettre du tout et se borner à maintenir la terre du pied de l'arbre bien couverte; pour les arbres fruitiers, que l'on doit irriguer, la couche de paille ou d'herbe n'a pas besoin d'être aussi épaise, mais elle est nécessaire pour empêcher la surface du sol de se dessécher aussi vite.

On ne doit jamais laisser croître d'herbes autour des arbres, et les années subséquentes il faut, de temps en temps, leur donner un binage et tenir toujours la terre en bon état de culture autour du pied, dans un rayon qui ne doit jamais être moindre que celui que projette l'extrémité des branches.

Tous les lieux nouvellement plantés d'arbres à haute tige tels que mûriers, oliviers, arbres fruitiers, cyprès,

pius, doivent être formellement interdits aux bestiaux de
toute nature pendant au moins six ans; jamais les bestiaux
ne doivent pénétrer dans les endroits plantés d'arbres
fruitiers et à basses tiges.

Pour planter les arbres en lignes serrées, comme on
fait pour les cyprès, par exemple, il y a avantage à faire
des tranchées sur toute la longueur de chaque ligne, plutôt
que d'ouvrir un trou à chaque arbre. Les tranchées, pour
des plantations rapprochées comme dans ce cas, abrègent
beaucoup la besogne et les arbres s'en trouvent mieux,
parce que leurs racines ont plus de terre remuée pour
s'étendre, et que la surabondance des eaux a plus de
facilité pour s'écouler. Les tranchées devront avoir
1 mètre de largeur sur 80 centimètres de profondeur pour
les cyprès, et 1 mètre 50 de largeur sur 80 cent. de profondeur pour les arbres forestiers et les arbres fruitiers.

Les oliviers et les mûriers devant se trouver à 7 mètres
de distance, on leur fera à chacun un trou de 1 mètre 50
au moins de largeur en carré sur 80 centimètres de profondeur, quoiqu'il fut préférable de faire des tranchées,
surtout dans les terrains argileux qui retiennent l'eau, car
alors, dans un trou l'arbre a les racines emprisonnées
comme dans une caisse, elles éprouvent beaucoup de
difficulté à s'étendre lorsqu'elles viennent à toucher les
parois, l'eau séjourne dans ce trou comme dans un vase
et fait souvent pourrir les racines. Dans un terrain qui
présenterait ces inconvénients, il vaudrait mieux rapprocher un peu plus les arbres sur la ligne et pratiquer
des tranchées.

Que l'on fasse des trous ou des tranchées, il n'en faut
pas moins les ouvrir longtemps à l'avance, afin que la
terre extraite et la partie creusée perdent leur crudité en

restant exposées aux influences atmosphériques. Autant que possible, il faut faire ce travail au printemps, avant l'arrivée des grandes chaleurs, fin avril et courant de mai; le trou ou la tranchée reste exposé à l'air pendant tout l'été, et lorsque la terre est trempée, à l'automne, on plante ses arbres alors dans d'excellentes conditions. Dans l'ouverture des tranchées et des trous, on fait deux parts de la terre extraite : celle de la surface, à 40 centimètres de profondeur, est mise d'un côté, et celle du fond est mise de l'autre. Lorsqu'on remet la terre en place, on suit l'ordre inverse, c'est-à-dire que l'on met celle de la surface au fond et celle du fond à la surface.

Pour mettre l'arbre en place, on remplit d'abord le trou ou la tranchée jusqu'aux deux tiers de la profondeur avec la meilleure terre extraite. On arrange les racines dans leur position naturelle; si quelques-unes ont été cassées ou froissées pendant le trajet, on les coupe net avec une serpette bien aiguisée, ainsi que les extrémités et le chevelu, mâchés par la pioche pendant l'arrachage; mais il ne faut retrancher absolument que ce qu'il y a de détérioré; il faut conserver les racines aussi longues que possible. Une fois les racines bien disposées sur leur assise, on prend de la terre la plus meuble et la plus fertile de la surface, on en garnit ces racines de manière à ne laisser aucun vide; on tient l'arbre bien verticalement, puis on appuie la terre avec le pied; on rempli ensuite le trou, en y déposant toute la terre qui en a été extraite, sans quoi, si on ne le comblait qu'au ras du sol, l'affaissement ne tarderait pas à former un creux préjudiciable, où s'éjournerait l'eau des pluies.

Lorsque la terre du pied de l'arbre s'est un peu affaissée, on passe de temps en temps pour remettre les arbres dans leur aplomb, et on appuie fortement la terre avec le pied du côté où ils s'inclinent.

Pour ce qui est de la taille des arbres, une fois qu'ils sont repris, il faut se borner à retrancher les branches mal placées et à faire régner l'équilibre dans toute la ramure de l'arbre. Il ne faut pas attendre qu'une branche mal placée soit grosse pour la retrancher; cette opération doit se faire à l'état herbacé, et avec les ongles, dès que les bourgeons sont assez formés pour distinguer leur position. Les retranchements sur du bois mûr ne doivent avoir lieu, dans tous les cas, que sur du bois de l'année et sur un œil toujours bien conformé, s'il y a lieu de conserver la direction de la branche. Enfin on doit surveiller et diriger la croissance de ses arbres de manière à éviter les amputations, qui sont on ne peut plus préjudiciables. Il en résulte des blessures, par où la sève s'extravase, où se forment, plus tard, des chancres dont le sujet ne guérit jamais. Il faut surtout éviter comme la peste ces prétendus tailleurs d'arbres, ces charlatans en jardinage, qui n'ont d'autre talent que de mutiler et déformer des végétaux précieux qui seraient venus magnifiques sous la seule prévoyance de la nature.

Les soins et conditions à donner aux plantations, pour en assurer la réussite et la prospérité, peuvent se résumer ainsi :

1° Donner des abris aux espèces sensibles, telles que les arbres fruitiers et mûriers ;

2° Creuser des trous spacieux six mois à l'avance et faire en sorte que les racines en s'allongeant trouvent toujours de la terre remuée ;

3° Approprier chaque espèce au sol et aux lieux ;

4° Planter de bonne heure ;

5° Garantir les racines du contact de l'air pendant l'arrachage ;

6° Entretenir la terre fraîche autour de l'arbre la première année de plantation et en bon état de culture les années suivantes ;

7° Éloigner rigoureusement le bétail des plantations.

Il est difficile d'établir une classification satisfaisante des arbres nécessaires dans l'économie, basée d'après leur degré d'utilité, car ils sont tous également utiles, quoiqu'à des titres divers. Ainsi les uns, d'une haute stature, sont particulièrement propres à la production du bois d'œuvre de grande dimension. On donne à ceux-là le nom d'*arbres forestiers* ou *de haute futaie*; d'autres, d'une élévation moins grande, dont le bois est néanmoins nécessaire dans les arts, rachètent leur manque de dimension par des produits particuliers, quelquefois d'une grande valeur, dont la source est dans leur écorce, dans leur feuillage et dans leurs fruits : nous donnerons à ceux-ci le nom d'*arbres économiques*.

Enfin, il y a une troisième division, qui comprend des individus encore moins élevés, et dont le produit se résume exclusivement dans les fruits qui peuvent être consommés sans préparation : ce sont les *arbres fruitiers* proprement dits.

Première division.

ARBRES FORESTIERS.

Ils se divisent en deux classes : les arbres toujours verts et ceux à feuilles caduques. Les arbres toujours verts réussissent dans les terrains secs ; les autres affectionnent des terrains plus frais.

§ Ier. — ARBRES VERTS.

Ceux qui réussissent le mieux en Algérie sont : le cyprès, le pin d'Alep et le pin pignon. Ces arbres sont les plus propres à garantir du vent, ce sont eux qui doivent composer le dos des abris, mais principalement le cyprès.

Cyprès.

Le cyprès vient partout, en Afrique, excepté dans les endroits où la terre végétale est peu épaisse sur les roches, lorsque celles-ci se montrent quelquefois à fleur de terre, et dans les endroits qui récèlent une humidité permanente. C'est l'arbre des abris par excellence ; il ne faut pas hésiter à en faire de nombreuses lignes. La propriété qu'il a de croître en pyramide permet de le planter très-rapproché et de former un rideau impénétrable au vent. Croissant excessivement vite, il peut donner promptement d'excellent bois d'œuvre, que les vers ni la pourriture n'attaquent jamais. Certains coins de terre pourront être très-avantageusement utilisés par une plantation compacte de cyprès. On peut les planter à un mètre en tout sens ; à cette distance, il peuvent prendre un très-beau développement, vu le peu de place que prend leur branchage. Dès qu'ils commencent à se nuire, ce qui peut avoir lieu à huit ou dix ans, on peut pratiquer un éclairci et en abattre la moitié. Ces sujets pourront déjà servir à faire des fermes, des chevrons, des pieux, des échalas pour la vigne, des perches pour le houblon : on ne manquerait certainement pas d'en trouver un placement avantageux. Ceux qui resteraient sur le terrain seraient conservés tant qu'ils profiteraient. On pourrait en supprimer encore la moitié, et ceux qui seraient conservés, en dernier lieu, se trouveraient à deux mètres en tout sens, espace suffisant pour que le cyprès produise de belles charpentes. Ainsi, sur un hectare on planterait dix mille individus. Au bout de 8 à 10 ans, on exploiterait la moitié de ces plants en gaulis, c'est-à-dire qu'on supprimerait une ligne entre deux : on enlèverait conséquemment cinq mille sujets. Quelques années plus tard, on enlèverait encore la moitié de ce qui reste sur les lignes.

Le colon devrait planter, à chaque enfant qui lui naît, cent cyprès, et, à l'âge de 20 ans, chaque enfant pourrait recevoir une belle dot, avec le produit de la vente de ces arbres.

Le cyprès doit se planter dans le courant de novembre ; il exige quelques soins pour la transplantation, il ne reprend pas à racine nue. On le met à demeure, lorsqu'il a un mètre environ de hauteur ; on le lève en motte dans la pépinière, et on enveloppe cette motte avec de la paille tressée, pour qu'elle se conserve, et il faut bien faire attention de ne pas la briser pendant le transport. On plante l'arbre avec sa motte empaquetée ; ses racines passent ensuite très-facilement à travers la paille. Lorsque la plantation est achevée, et que la terre est bien égalisée, on coupe les brins de paille qui dépasseraient le sol. Il faut surtout avoir grand soin de tasser la terre, autour de la motte, en plantant, et d'y revenir avec le pied, chaque fois qu'un grand vent a ébranlé le jeune arbre.

Pins.

Le peuplement des pins peut avoir lieu de deux manières, par le semis sur place et par la plantation.

Le premier mode s'exécute avec succès dans des terrains sablonneux, exempts de mauvaises herbes et de broussailles, et surtout sous un climat frais et pluvieux ; en Algérie, où la sécheresse a lieu pendant quatre et cinq mois sans interruption, peu de jeunes plants résistent à son action la première année sans le secours des arrosements.

Or, comme il faut renoncer d'avance à arroser des semis ainsi disposés, il faudrait recommencer son semis pendant un grand nombre d'années pour le compléter, encore n'obtiendrait-on qu'un peuplement inégal dans la force des sujets, tout-à-fait détestable, sans compter des dépenses énormes de main-d'œuvre, d'achat de graines et autres frais.

Pour plus de succès et de célérité, il faut adopter le mode de la plantation.

Choix des espèces. — Toutes les espèces de pins ne viendront pas indistinctement en Algérie : celles naturelles aux régions élevées et aux localités humides n'y donneront que de chétifs résultats : on devra s'attacher de préférence aux pins d'Alep et Pignon qui croissent spontanément, ensuite, aux espèces qui ont avec eux le plus d'analogie, sous le rapport de l'habitât ; je donne ici par degré de réussite les espèces à cultiver :

1° Pin d'Alep ;
2° id. Pignon ;
3° id. des Canaries (très-rare) ;
4° id. Maritime ;

5° id. Laricio ;

6° id. Silvestre.

Du semis. — On choisit de préférence un terrain doux, léger, sablonneux, noir autant que possible, dans un emplacement bien aéré, à ciel ouvert et non sous des arbres, mais abrité le plus possible de l'atteinte des vents d'ouest. On laboure plusieurs fois et on ameublit bien la surface, mais pas plus profondément que quinze à vingt centimètres, afin que la racine pivotante éprouve de la résistance, que les racines latérales puissent se développer plus volontiers : c'est une condition très-importante pour la reprise lors de la transplantation

On peut semer à-peu-près en toute saison, mais le moment le plus favorable est au mois d'octobre, dès que les pluies ont suffisamment imbibé la terre. Après avoir divisé son terrain en planches d'un à deux mètres de largeur par des sentiers, on sème épais, dans les proportions de un litre pour 15 mètres carrés. Le plant a déjà pris une certaine force avant la sécheresse ; lorsque celle-ci est venue, on donne une bonne mouillure à l'arrosoir tous les huit jours, jusqu'au mois d'août, alors on cesse les arrosages et on laisse le plant durcir jusqu'à l'arrivée des pluies afin d'obtenir un temps d'arrêt dans la végétation.

1er *Repiquage.* — Aussitôt les premières pluies, il faut s'empresser de procéder à la première transplantation des jeunes pins, avant qu'ils ne soient complètement remis en végétation, il est bon d'avoir préparé son terrain à l'avance par deux ou trois labours pendant l'été, on le dispose absolument de la même manière que pour les semis. On arrache le plant en faisant une profonde tranchée et en prenant toutes les précautions possibles pour ne pas estropier les racines et pour les soustraire à l'action du hâle. On se servira d'un fort plantoir pour planter les jeunes plants qu'on distancera de dix centimètres en tous sens. Il est urgent, s'il ne pleut pas, d'arroser légèrement et de temps en temps jusqu'à la reprise. Cette opération est la plus délicate, aussi ne saurait-on la faire avec trop de soins, le vent y est extrêmement contraire et fait quelquefois périr un grand nombre de plants.

On laisse dans cet état les plants pendant une ou deux saisons, suivant qu'ils auraient poussé vigoureusement ; lorsqu'ils ont atteint trente à quarante centimètres de hauteur, il faut procéder à la seconde transplantation.

2° Repiquage. — Cette seconde transplantation demande cinq fois plus d'espace que la première, il faut autant que possible le même terrain et la même exposition. On préparera toujours son terrain à l'avance par plusieurs labours à 40 centimètres de profondeur, de manière à être prêt à planter aussitôt les premières pluies d'automne. Aussitôt celles-ci arrivées, et la terre suffisamment trempée, on enlève à l'aide d'une bêche les pins avec autant de terre qu'on peut en conserver autour des racines, pour que la terre se tienne mieux, on piétine un peu autour du plant avant d'enfoncer la bêche. On appelle cette opération enlever en mottes. La motte enlevée intacte, ayant son plant au centre, est conservée sur la bêche et portée dans des trous d'une capacité un peu plus grande, ouverts à l'avance par rangs et espacés de cinquante centimètres en tous sens. On met le plant d'aplomb, on remplit le trou et on tasse la terre autour avec le pied, on arrose même si le temps n'est pas à la pluie. On entretiendra de binages et on fera disparaître les mauvaises herbes à mesure qu'elles se montreront. Si on avait un courant d'eau à sa disposition ou un puits à noria, on ferait très-bien d'irriguer trois ou quatre fois pendant le cours de la sécheresse.

Lorsque les jeunes pins auront quatre-vingts centimètres de hauteur, il sera temps de s'occuper de la mise à demeure.

De la mise à demeure. — Ainsi que les opérations précédentes, celle-ci doit se faire au commencement de l'automne, aussitôt les premières pluies. Il faut avoir en soin d'ouvrir ses trous à l'avance en profitant de la dernière humidité du printemps ; cette opération, outre le temps et la main-d'œuvre qu'elle fait gagner, est surtout très-importante dans les terrains incultes, parce que la terre des parois du trou et celle qui est extraite se désagrège et s'améliore sous l'influence de la lumière et do la sécheresse.

On fait des trous carrés de soixante centimètres de largeur sur autant de profondeur, disposés en lignes et distancés de deux mètres en tous sens. Si le terrain est couvert de broussailles, on ne les détruira qu'au fur et à mesure que les pins prendront de l'accroissement. Il y a avantage à cultiver successivement toute la surface. S'il s'agit d'une pente, il faut établir ses lignes transversales aussi horizontalement que possible par rapport à cette pente ; on fera bien de ne cultiver qu'une bande dans le sens de cette ligne dont les plants occuperaient le milieu, et laisser entre chaque ligne une bande non cultivée couverte de ses broussailles et de ses herbes, autrement si on cultivait de suite toute la surface, les pluies torrentielles entraîneraient la terre végétale. On se trouvera aussi très-bien de creuser tous les cinq à six rangées et dans une direction parfaitement horizontale, de petits fossés de cinquante centimètres de largeur sur autant de profondeur,

qui arrêteraient la descente instatanée des eaux et les con-
serveraient plus longtemps et plus uniformément sous
toute la surface.

On enlève les jeunes arbres avec une motte aussi grosse
que possible, pour cela il ne faut pas l'enlever d'un seul
coup de bêche, mais bien tracer un cercle autour duquel
on retire la terre jusqu'à une certaine profondeur, de
cette manière on isole la motte et on l'enlève avec facilité,
surtout si on a eu soin de bien tasser la terre préalablement
avec le pied, et si elle se trouve dans un état d'humidité
suffisant.

Si on devait transporter ces plants à une grande distance, il serait urgent d'entourer la motte avec de la paille
pour empêcher celle-ci de se briser, on peut l'enterrer
toute empaquetée sans inconvénient.

Les pins transplantés avec soins ne souffriront pas
sensiblement de cette dernière opération, ils seront parfaitement enracinés lorsque viendra la sécheresse, néanmoins on ferait bien de couvrir la terre mouvée autour du
pied de l'arbre d'une bonne couche d'herbes, de branchage
ou autres débris végétaux qu'on aura à sa proximité et
pouvant s'affaisser de manière à intercepter l'évaporation.

Lorsque les pins se toucheront de manière à se nuire
et qu'on pourra les utiliser comme pieux, chevrons, etc.,
on pourra en abattre un entre, ceux qui resteront se
trouveront à quatre mètres en tous sens, espace suffisant
pour prendre leur développement et former du bois droit,
le produit de cet éclaircis dédommagera déjà des frais.

Semis sur place. — Si cependant on voulait tenter
l'essais des semis sur place, on défoncerait tous les deux
mètres une plate-bande de un mètre de largeur sur 0ᵐ 40
de profondeur, on établirait dans le sens horizontal de la

pente. On aurait alternativement une bande inculte couverte d'herbes et de broussailles , qui abriteraient les jeunes plants du vent , et une bande cultivée , on sèmerait une seule ligne très-épaisse au milieu de cette dernière ; l'époque de la semaille serait comme il a été indiqué ci-dessus. Il ne faudrait pas oublier l'établissement des fossés horizontaux , on binerait et éclaicirait suivant le besoin.

§ Il. — ARBRES A FEUILLES CADUQUES.

Les espèces de cette catégorie les plus importantes à cultiver , sont :

L'orme , le robinier blanc , le mélia azederach , le noyer noir , le frêne , le févier d'Amérique , le plaqueminier d'Italie , le micocoulier , le platane , l'ypreau ou peuplier blanc et le chêne pédonculé.

Toutes ces espèces , qui ont leurs représentants dans le nord , demandent un bon sol profond et frais en même temps ; presque tous les terrains des plaines peuvent leur convenir , mais ils ne pourraient réussir dans les terrains qui se dessèchent profondément en été ; la manière de les traiter et de les soigner est pour toutes la même , et les principes en ont été indiqués plus haut.

Deuxième Division.

ARBRES ÉCONOMIQUES.

§ Ier. — ARBRES A FEUILLES CADUQUES.

Mûrier.

Le mûrier vient à-peu-près partout en Algérie , aucun arbre , à condition égale , n'a une végétation aussi plantureuse ; cette circonstance fait qu'il y a plus d'avantage à planter des arbres à haute tige et à toute venue, que d'essayer de faire des arbres nains, comme on le fait dans beaucoup d'endroits en France. D'ailleurs, il est à peu-près démontré que les feuilles des mûriers à haute tige sont plus riches en principe soyeux que celle des nains, surtout si la plantation a lieu en rase plaine. La feuille du mûrier, qui s'utilise au printemps pour l'élevage des vers à soie, est alors très-sensible à l'action des vents d'ouest; il faut conséquemment planter cet arbre dans des lieux abrités.

Le mûrier se plante comme tous les arbres à feuilles caduques, ainsi qu'il a été indiqué aux principes généraux. Il demande une terre cultivée et des engrais de temps en temps lorsqu'il est en rapport. On peut commencer à cueillir ses feuilles la troisième année, mais il ne faut pas l'en dépouiller complètement. Comme ici, il convient de le tailler tous les ans, et de n'opérer cette taille que sur les bourgeons d'un an, on l'opère avant la cueille, et on ramasse les feuillles sur les rameaux coupés. Le reste de l'arbre conserve son feuillage et l'arbre en souffre bien moins que quand on le dépouille complètement; c'est ce qui permet de récolter tous les ans sur le même individu. Quant à la forme à donner à l'arbre et l'espacement à laisser entre ses branches, il serait très-long et difficile de l'indiquer ici par écrit et sans figures : le tableau synop-tique du mûrier par M. Brunet de Lagrange, donnera à cet égard tous les détails désirables, en observant toutefois de tailler tous les ans au lieu de tous les deux ans et plus long qu'il ne l'indique, vu la vigueur plus grande du mûrier ici qu'en France.

Indépendamment de la cueille des feuilles du mûrier

au printemps, on ne doit pas négliger de récolter celles d'automne lorsqu'elles commencent à jaunir et qu'elles vont tomber. On les fait sécher et on les rentre à l'abri ; cette provision est d'une très-grande ressource pour la nourriture du bétail à l'écurie pendant les mauvais temps.

Le bois du mûrier est excellent pour le charronnage, la menuiserie et la tonnellerie.

Noyer.

Le noyer figure ici pour son bois et pour son fruit, c'est pourquoi nous l'avons rangé dans la série des arbres économiques. Son bois est un des plus estimés pour la menuiserie ; son fruit est un aliment très-agréable qui se conserve très-bien, et duquel on pourrait tirer de l'huile si nous n'avions ici l'olivier qui doit faire disparaître désormais, même au loin, tous les succédanés qui lui ont été donnés ; car il est évident qu'un jour l'Algérie fournira de l'huile à toute la partie septentrionale de notre hémisphère.

Le noyer a des racines très-pivotantes, il lui faut conséquemment de très-bons fonds de terre.

§ II. — ARBRES A FEUILLES PERSISTANTES.

Olivier.

C'est un arbre dont on ne saurait trop recommander la culture aux colons. Son huile sera pour eux d'une grande ressource dans l'alimentation, et un débouché certain et lucratif de ce produit leur est assuré à jamais.

L'olivier croît spontanément partout ici, des semis naturels se font au moyen des oiseaux qui en disséminent les fruits, dans les broussailles, où on rencontre un grand nombre de jeunes plants.

Dans les débroussaillements et les défrichements, les colons devront ménager ces plants précieux , soit pour les enlever et les faire cadrer dans les plantations régulières et dans les abris, soit pour les conserver sur place et les greffer ensuite s'ils sont trop vieux.

Ils pourront greffer aussi les vieux oliviers sauvages que l'on recontre çà et là , quand bien même ils ne cadreraient pas dans les plantations nouvelles ; un arbre que l'on rencontre tout élevé paie toujours sa place. Ici, il y a un écueil à éviter. Il faut bien se garder de rabattre ces gros sujets à quelques pieds de terre pour les greffer, comme on le fait trop généralement. On fait de grosses amputations qui ne se cicatrisent jamais et que les greffes ne peuvent recouvrir ; on ne profite pas ainsi du développement acquis à l'arbre , il ne se met pas plus tôt à fruit qu'un jeune sujet que l'on vient de planter. Les greffes mises en contact avec du bois vieux , ne peuvent se lier avec ce bois ; elles poussent il est vrai pendant quelque temps avec vigueur, mais le vent les éclate avec la plus grande facilité.

Ce mode excessivement vicieux nous paraît être pratiqué dans un but d'économie très-mal entendue, puisqu'on recule indéfiniment le moment de la récolte, en ne mettant que 4 à 5 greffes sur un sujet qui devrait en recevoir 50 à 60. Au lieu donc de les couper au plus gros du tronc ou des plus grosses branches , il ne faut couper que l'extrémité des branches , à l'endroit ou elles sont moins grosses que le poignet, ne conserver que celles bien placées et bien distancées pour conserver le port naturel de l'arbre , et mettre une ou deux greffes à chacune de ces extrémités. Plus tard, on n'en garde qu'une, la mieux disposée, si elle viennent à réussir toutes deux.

De cette manière l'arbre se ressent peu des mutilations qui lui ont été faites et se met à fruit au bout de 2 ou 3 ans, tandis que celui qui est rabattu trop près de terre met autant de temps à se mettre en rapport qu'un jeune sujet nouvellement planté.

L'olivier se greffe en couronne, et cette greffe lui réussit avec la plus étonnante facilité. Il est favorisé en cela par la nature de son écorce qui est épaisse et solide. Pour faire la greffe on prend un rameau qui ne soit pas au-dessous de la grosseur d'un fort tuyau de plume à écrire; on le coupe à 5 ou 8 centimètres de longueur, en ayant soin qu'il y ait au moins dans la longueur de la greffe, deux yeux bien accusés. On taille l'extrémité inférieure du rameau en bec de flûte évidé, dont le biseau vienne affleurer l'écorce; on introduit entre l'écorce et l'aubier du sujet, un morceau de bois dur taillé en pointe et de la forme à-peu-près de la greffe, à l'effet de préparer son entrée, puis on la place en appliquant la section à l'aubier, et de manière à ce que cette section soit complètement cachée. On serre ensuite l'écorce avec deux ou trois tours de ficelle, puis on met sur toutes les plaies un emplâtre composé de terre argileuse et de bouse de vache, bien délayées ensemble et d'une consistance moyenne à pouvoir se mouler; on lisse bien la surface de l'emplâtre en le battant avec la main, puis on y saupoudre de la cendre de bois, que l'on appuie encore, pour faire durcir et empêcher de gercer.

Les personnes auxquelles le greffage est étranger, se feront sans doute difficilement une idée exacte de cette opération d'après la courte description qui vient d'en être donnée. Les bornes imposées à ce travail ne permettent pas de s'étendre davantage à ce sujet, ce qui du reste n'y apporterait guères plus de lumière. Ces personnes feront mieux de se renseigner auprès des hommes pratiques et de prendre une leçon séance tenante ; elles en apprendront plus ainsi en dix minutes , que dans tous les longs écrits qu'on pourrait leur présenter. Un seul greffeur suffit pour démontrer à tout un village , et dans le cas où il ferait défaut , on pourrait en envoyer un exprès.

Les plants d'olivier, une fois qu'ils ont atteint la grosseur du poignet, se transplantent avec la plus grande facilité ; cependant il faut avoir soin de raccourcir la majeure partie des branches latérales , et de retire toutes les feuilles , ainsi que les rameaux tendre , afin de diminuer la surface évaporante de l'arbre.

Caroubier.

Cet arbre , indigène en Algérie , est un des plus beaux qui y existent. Il vient dans les terrains les plus secs , les plus arides , et parmi les rochers , et il est par cela même très-difficile à la première transplantation. Les pépinières de l'État en livrent qui sont disposés pour être transplantés, Cette opération doit se faire au commencement de novembre , et il faut lui supprimer toutes les feuilles et les rameaux tendres avant de l'arracher. Son enlèvement en motte est très-difficile , attendu qu'il fait peu de chevelu. Ses racines sont revêtues d'un tissu particulier qui se détruit pour peu qu'il reste exposé à l'air , il faut donc de grands soins pour le transporter.

Le caroubier, indépendament de la beauté de son port et de son feuillage , a son bois qui sert à faire des meubles magnifiques. Son fruit , que l'on nomme *caroube* est une gousse remplie d'une pulpe sucrée , susceptible de produire de l'alcool par la fermentation. Ce fruit , concassé et débarrassé de la graine qu'il renferme, puis cuvé avec de l'eau et un peu d'orge, fait un cidre agréable et rafraîchissant.

Cet arbre réussira, ainsi que les espèces suivantes, dans les endroits où les arbres forestiers à feuilles caduques ne pourraient pas venir par excès de sécheresse.

Chêne à glands doux ou ballote.

Arbre des parties moyennes de nos montagnes, qui réussira parfaitement dans les endroits secs de notre vaste champ de colonisation. Son bois, qui prendra de plus grandes dimensions par la culture, est très-dur et très-solide. Son fruit, qui n'a pas l'amertume des autres espèces, est comestible et peut, jusqu'à un certain point, remplacer la chataigne, dont l'arbre ici réussit très-rarement; dans tous les cas, les animaux s'en accommoderaient parfaitement. Les Kabyles font soigneusement cette récolte, qui fait leur principale nourriture pendant l'hiver.

Mêmes soins pour la transplantation que pour le caroubier.

Chêne liége.

C'est l'écorce de cet arbre précieux, d'une nature particulière, qui fait le liége du commerce, employé à tant d'usages divers, et principalement à la confection des bouchons; son bois en outre est très-solide. Comme il réussit parfaitement dans les terrains secs, il en existe çà et là, dans la broussaille, et surtout le long des ravins, qu'il conviendrait d'aménager.

Chêne vert ou yeuse.

Le chêne yeuse vient très-bien dans les terrains secs,

et peut être très-utile dans les parties de cette nature qu'il convient d'abriter. Son bois est très-solide, et son feuillage épais et raide laisse peu de prise au vent. Pour le transplanter, prendre les mêmes précautions que pour le caroubier.

Bambou.

Il ne faut pas clore la liste des arbres économiques sans mentionner le bambou. Cette grande plante pousse chaque année de nombreux jets, qui, étant mûrs, peuvent servir à faire des chevrons, des pieux, des tuteurs, des perches à houblon. Il aime la chaleur et un terrain humide en été. Partout où il y aura une source, où il passera un cours d'eau, il ne faudra pas négliger d'y planter des bambous.

Troisième Division.

ARBRES FRUITIERS.

Les arbres fruitiers sont les plus délicats, ils exigent avant tout de l'abri, une bonne exposition, un bon sol, bien préparé ; les uns viennent en terrain ordinaire, d'autres ont impérieusement besoin d'irrigation. Si on ne peut pas leur donner ces conditions, si on ne fait que les placer à travers les champs, exposés au vent et à la sécheresse, mieux vaut n'en pas planter.

§ 1er. — ARBRES FRUITIERS A FEUILLES CADUQUES, NON ARROSÉS.

Les arbres fruitiers se divisent en arbres toujours verts et en arbres à feuilles caduques. Ceux toujours verts demandent des irrigations, ainsi qu'une partie de ceux à feuilles caduques, les autres viennent bien en terrain non arrosé.

Amandier.

L'amandier est excessivement sensible au froid pendant la floraison, ses fruits manquent fréquemment par cette cause et sont presque toujours chers ; c'est pour cette raison qu'on lui choisit les expositions chaudes et les mieux abritées. Ces soins ne sont pas superflus, tant s'en faut, en Algérie, où il sera d'un très-beau rapport. Il ne pourrait réussir dans un terrain où l'eau est stagnante. Il y a plusieurs variétés : celles à coque dure, dont l'une a l'amande douce et l'autre amère, et celle à coque tendre, dite à la princesse, qui est plus recherchée et se vend plus cher, mais qui, aussi, est plus délicate. L'amandier est un des premiers arbres qui entrent en végétation vers la fin de l'hiver, et, transplanté lorsque sa sève est déjà en mouvement, il ne reprend plus ; il faut faire cette opération, lorsqu'il y a lieu, dans les premiers jours de décembre au plus tard.

Abricotier.

Il demande à peu près les mêmes conditions que l'amandier, les variétés hâtives et petites résistent très-bien sans arrosements, mais les grosses variétés, qui sont les meilleures et qui viennent plus tard, telles que le gros commun, l'abricot-pêche, l'angoumois, etc., demandent quelques irrigations pour prendre tout leur développement et ne pas tomber avant. Ces grosses espèces devront être mises dans la condition de celles à arroser.

Azérolier.

Cet arbre est très-rustique ; dans les grandes plaines

dénudées , entre Sétif et Constantine, si on aperçoit un **arbre** à l'horizon, on peut être à-peu-près certain que c'est **un** azérolier. Il est alors l'arbre sacré, ou l'arbre marabout des Arabes, qui y attachent, pour offrande, un chiffon emprunté à leurs vêtements. L'azérolier, cultivé, a le fruit **rouge** ou blanc, de la forme d'une petite pomme ; il **contient** deux osselets pour graine, et a la saveur de la **pomme** de reinette franche la plus fine. Cette **espèce** se **greffe sur** aubépine, et se transplante avec la plus grande **facilité.**

Figuier.

Son fruit n'est pas seulement agréable, substantiel et **salubre sous** ce climat, mais séché, il devient encore un **produit** de vente lucratif qui trouve son débouché vers le **nord.**

Les figuiers sont déjà très-communs en Algérie, mais **les espèces** ne sont pas nombreuses et ne sont pas également **ment bonnes** ; d'ailleurs, le défaut de culture et de soins **sont** certainement la cause de l'infériorité de ces fruits. **Aux** quelques bonnes espèces indigènes, qui sont principalement la grosse blanche, semblable à celle connue aux **environs** de Paris sous le nom de figue d'Argenteuil, et la **violette** tardive, il conviendrait d'ajouter la barnissotte, **la servantine,** la grosse aubigue noire, et surtout la petite marseillaise pour sécher. Il se plante comme les arbres ordinaires à feuilles caduques, et propage très-facilement **de bouture,** que l'on couche dans une fosse de 50 centimètres de profondeur ; on ne laisse dépasser que très-peu de l'extrémité au-dessus de terre.

Grenadier.

On ne doit planter, comme arbre fruitier, que la grosse

variété à gros grains, car c'est principalement dans la grosseur du grain que réside la vertu du fruit. La variété à fruit et grain blanc peut être aussi cultivée à cause de la douceur de son jus, lorsque ce fruit est bien mûr. On en tire le sirop de grenade, qui est toujours d'un prix assez élevé.

Jujubier.

Arbre tout-à-fait algérien, mais qui n'aura jamais qu'une importance très-secondaire dans la culture. Ses fruits qui sont sans jus et presque sans saveur, passent pour être stomachiques. On en fait du cidre, comme avec les caroubes, qui est très-agréable lorsqu'il n'est pas trop vieux, car il aigrit vite par la chaleur. Le bois du jujubier a une teinte très-belle sous le vernis, et fait des meubles recherchés. Il se multiplie de drageons, qu'on peut se procurer très-facilement, et il est cultivé dans les pépinières de l'État, mais en très-petite quantité, à cause de l'inconvénient que présentent ses épines très-acérées dans sa jeunesse.

Mûrier noir.

Il faut avoir quelques-uns de ces arbres dans une plantation un peu en ordre ; les fruits en sont très-nombreux et sont très-agréables pendant l'été ; on en tire un sirop estimé. Il se greffe sur le mûrier blanc, il se plante et se cultive de même, sauf la taille qu'il n'est pas nécessaire de lui donner, autrement que pour la régularité de sa forme.

Pistachier.

Le pistachier donne un fruit dont l'amande délicate a une saveur particulière, et est très-recherchée des confiseurs. Il croît avec beaucoup de lenteur , et ce n'est qu'au bout d'un temps très-long qu'il donne des fruits. Il est aussi très-délicat à la transplantation, vu ses longues racines pivotantes. Cet arbre est *dioïque*, c'est-à-dire que les fleurs mâles sont sur un individu et les fleurs femelles sur un autre ; de sorte que dans une plantation, il faut faire entrer un individu mâle, pour cinq à six femelles qui ne doivent pas en être éloignées de plus de 12 à 15 mètres, autrement la fécondation ne serait plus que chanceuse. Quelquefois on réussit à en faire un arbre monoïque, en greffant une branche mâle sur un individu femelle, ce qui vaut-mieux et assure davantage la récolte. Cette espèce qui se plante de 2 mètres 50 centimètres à 3 mètres de distance, peut se greffer sur le lentisque et sur le pistachier de l'Atlas, que les Arabes appellent *Bethoun*, en écusson à œil dormant au mois d'oût : mais la reprise est très-difficile.

Vigne.

Chaque colon devra avoir un certain nombre de ceps de vigne, n'importe dans quelle situation de terrain il se trouve, afin de récolter des raisins au moins pour sa consommation ; mais les plantations en grand devront surtout avoir lieu sur les côteaux. Aux raisins blancs indigènes, comme celui de Dellys, qui a beaucoup d'analogie avec notre *blanquette*, et qui est très-propre à sécher, on devra joindre le *Malaga* ou *panse musquée*, qui fournit ces raisins secs si renommés, ainsi que les Corinthe blancs et noirs, puis enfin des plants de Bourgogne pour faire du vin. On prétend que les cepages d Alicante sont natifs de Bourgogne, on est certain, dans tous les cas, que c'est la Bourgogne qui a fourni les cepages qui produisent le vin de Constance au cap de Bonne-Espérance. On est à peu près assuré, qu'en plantant des plants de Bourgogne en Algérie on ne récoltera pas du vin de Bourgogne, mais un vin encore inconnu qui prendra rang peut-être parmi les vins de liqueurs, et qui variera du reste suivant les hauteurs, suivant les terrains, suivant les expositions, suivant les *crûs* en un mot.

Dans les plantations de vignes qui ont déjà été faites en Algérie, on a imité ce qui se fait en Languedoc et en Provence, c'est-à-dire que l'on plante la vigne assez écartée pour qu'on puisse passer avec une charrue entre les pieds, et pour permettre quelquefois d'y faire d'autres cultures entre les lignes ; on en fait ce que l'on nomme des *têtards*, dont les scions ne sont pas soutenus et s'inclinent vers le sol.

Nous voyons plusieurs inconvénients à appliquer généralement ce mode en Algérie. D'abord le sol n'est jamais complètement ombragé par le feuillage, la terre sèche beaucoup plus vite ; les rameaux n'étant pas attachés, s'inclinent et sont presque toujours dans une direction horizontale ; le soleil a, dans cette position, une grande action sur eux, à si peu de distance du sol, et en arrête la végétation beaucoup trop tôt ; la plante, par ces deux causes, souffre de la sécheresse avant déjà que le fruit ne soit complètement formé. Le raisin, renfermé sous une espèce de voûte formée par le feuillage où la chaleur est concentrée, où l'air ne circule pas, touchant presque le sol, y cuit à peu près comme dans un four.

Pour obvier à ces inconvénients, il faut que la vigne soit plantée plus rapprochée, et que les rameaux soient arrêtés verticalement, ce qui donnerait beaucoup plus d'ombrage au sol, et diminuerait l'action du soleil sur les

sarmens ; il faudrait imiter à peu près en cela les plantations d'Argenteuil et des environs de Paris. On récolterait
ainsi considérablement plus à surface égale ; il est vrai que
les façons ne pouvant plus se faire à l'aide des instruments
attelés, tout le travail devrait être fait à bras ; mais nous
sommes loin de conseiller la plantation de la vigne en
plaine, et au contraire sur les coteaux abruptes ou la plupart du temps la charrue ne peut fonctionner, et où le travail à bras est une conséquence forcée de la disposition du
terrain.

Il se présente encore une difficulté pour appliquer cette
méthode ici, c'est celle de se procurer des échalas. La
question des échalas est singulièrement simplifiée depuis
que M. Michaux a trouvé le moyen de les remplacer par
des lignes de fil de fer, maintenues par des supports distancés de 2 mètres ; et pour ce procurer ces supports, qui
sont rares et chers en Algérie, le vigneron, en même temps
qu'il planterait sa vigne, devrait aussi planter un coin de
terre en cyprès ou même en robiniers qui arriveront à
temps pour donner un certain nombre de supports lorsque
la vigne en aura besoin.

Pour faire une plantation de vigne, on prend ce que
l'on appelle des crossettes, c'est-à-dire un sarment de
l'année, de 60 centimètres de longueur, ayant un morceau
de bois de deux ans à la base. Et dans un moment de pé-
nurie, quand bien même le bout du bois de deux ans ne
serait pas au bout de la bouture, cela ne l'empêcherait pas
du tout de reprendre.

Voici comment il faudrait opérer pour planter un coteau
ou une partie en vigne.

On ouvre à la base du champ à planter, et bien en
travers de la pente, une première tranchée, de 30 centi-

mètres de largeur, sur 40 à 45 centimètres de profondeur. Cette profondeur faite, on pioche encore le fond de la tranchée aussi profondément que possible, puis on égalise bien la terre au fond. On place les boutures dans cette tranchée, à 50 centimètres de distance ; on leur fait faire une courbe au fond de la tranchée, de manière à ce que la partie supérieure ne dépasse que de un ou deux yeux la surface du sol. On remplit cette tranchée avec la terre de la tranchée que l'on ouvre à côté, en mettant la terre de la surface immédiatement sur les boutures ; cette seconde tranchée se trace à 60 centimètres de la première, d'un premier bord à l'autre, afin que les boutures, adossées à la parois inférieure de chaque tranchée, se trouvent à 60 centimètres entre lignes. Il reste conséquemment entre chaque tranchée une bande non remuée, de 30 centimètres de largeur, qui empêche la terre de descendre.

On arrive au sommet du champ ou du coteau avec une tranchée ouverte, que l'on comble en prenant la terre de la surface environnante, ou en remontant, à la hotte, la terre de la première tranchée du bas. Les pierres que l'on rencontrerait dans le sol peuvent servir à faire, de distance en distance, de petits murs de soutènement en pierres sèches, qui arrêteraient la chute des terres dans les pentes rapides, pendant les grandes averses.

Les soins, pendant les deux ou trois premières années, consisteront principalement en deux ou trois binages pendant le printemps et l'automne, et en un piochage à la fin de chaque hiver après les grandes pluies et après la taille. La taille se fait très-court dans les commencements, mais il faut l'allonger beaucoup plus qu'en France lorsque la vigne est en rapport.

§ II. — Arbres fruitiers a feuilles caduques qui demandent l'irrigation.

Cerisier.

Il existe à l'état sauvage dans un grand nombre de ravins, et dans les endroits qui conservent un peu de fraîcheur pendant l'été. Toutes ses variétés, cultivées en France, réussissent parfaitement ici, en observant de les abriter du vent d'ouest, qui lui nuit beaucoup, surtout pendant la floraison, et de l'arroser pendant l'été, autrement il serait détruit par la gomme. Les variétés les plus intéressantes sont : la Montmorency à longue et courte queue, le Cheriduke, la Griotte de Portugal, la Reine Hortense, qui nous ont donné de très-beaux produits.

Pêcher.

Les racines de cet arbre craignent l'humidité stagnante, et pourrissent dans les terrains qui la retiennent pendant l'hiver. Quoique généralement greffé sur amandier, il ne supporte pas la sécheresse aussi bien que ce dernier ; il peut donner quelques récoltes sans arrosements, mais l'arbre est bientôt épuisé par la gomme que la sécheresse fait naître ; il est donc nécessaire de l'irriguer pour qu'il dure ce qu'il doit durer, et que ses produits soient beaux.

Les variétés les plus intéressantes sont : la Chevreuse hâtive, la Belle de Vitry, la Magdeleine, la petite et grosse Mignonne, la Galande, le Téton de Vénus. Il demande de l'abri et une taille qui consiste à retrancher le bois mort.

Prunier.

Il craint beaucoup moins l'humidité que le précédent, et il lui faut même des terrains naturellement frais pour qu'il réussisse d'une manière satisfaisante. On cultive les variétés dites de Monsieur, Damas de Lille, Perdrigon, d'Agen, Mirabelle ; mais la meilleure variété, celle qui pousse le plus vigoureusement et donne les meilleurs fruits, c'est la Reine-Claude. Elle existe entre les mains des Kabyles aux environs de Constantine. C'est merveille de voir, parmi les vergers du Hamma, de superbes pruniers plier sous le nombre des fruits, aussi beaux que savoureux. Ces arbres sont copieusement irrigués et parfaitement abrités. On n'a rien de mieux à faire que d'imiter cet exemple.

Poirier.

Il aime, avec l'abri, les terrains sains pendant l'hiver et des arrosements fréquents pendant l'été ; sans cela, la sécheresse arrête sa végétation. Dès les premières pluies, il fait une nouvelle végétation, ou il fleurit de nouveau, et donne des fruits qui ne se développent pas. Cette végétation intempestive épuise l'arbre ; c'est ce qu'il faut éviter. Il faut que sa végétation ne soit pas interrompue pendant la saison sèche, et qu'elle cesse à l'époque naturelle, c'est-à-dire vers le mois d'octobre. Les variétés sont nombreuses, et parmi elles nous citerons, comme réussissant le mieux ici, et donnant les meilleurs fruits : les Bons-Chrétiens d'été et d'Auch, les Beurrés, les Doyennés, les Bergamotes, Orange d'été, Colmar-d'Aremberg, Duchesse-d'Angoulème, Louise-Bonne.

Pommier.

Le pommier affectionne les terrains bas et frais, sans être submergés cependant. Dans ces conditions il donne de beaux produits ; il suffit de voir les vergers de pommiers chargés de fruits, appartenant aux Arabes, dans les vallées de l'Edough, bien que les arbres soient livrés à la nature, pour se faire une idée de ce qu'on peut attendre du pommier par une culture intelligente et rationnelle. Il ne faut pas négliger le pommier Paradis, qui ne tient pas plus de place qu'un chou, et qui donne toujours les plus beaux fruits. Les meilleures variétés sont : toutes les Reinettes, la Calville, les Rambours, Apis, Chateignière, Fenouillet, Pépin-d'Or.

Coignassier et Néflier

Ces deux sortes sont assez accommodantes sur le terrain : la première vient très-bien dans les conditions du pommier, et la seconde dans celle du poirier ; elles sont toutes deux d'un intérêt secondaire. Le fruit du coignassier n'est guère bon qu'à faire des compotes et du sirop ; on préfère le coignassier à gros fruit de Portugal ; celui de la Chine n'est que curieux pour la grosseur énorme de son fruit, et le parfum particulier qu'il répand. Les coignassiers se multiplient très-facilement de bouture. Le néflier à gros fruit doit être préféré ; ce fruit n'est bon que lorsqu'il est devenu complètement mou. Il se greffe sur aubépine.

§ III. — ARBRES FRUITIERS TOUJOURS VERTS DEMANDANT L'IRRIGATION.

Oranger.

L'oranger veut un bon sol et une irrigation copieuse ; aussi, bien qu'il soit assez répandu dans la province d'Alger, où il y a des orangeries séculaires, ne le rencontre-t-on que là où on peut disposer de beaucoup d'eau.

Sous la dénomination simple d'oranger, on comprend ici les espèces et variétés qui sont utiles, à plus d'un titre, et dont les principales sont : les oranges, proprement dites, dont le jus est doux et parfumé, et qui se consomment telles quelles. On distingue principalement l'orange franche, qui est la seule que l'on rencontre chez les Arabes, mais avec des nuances infinies dans la finesse du goût et de l'écorce ; l'orange de Portugal, de Porto-Ricco, de Malte, à chair rouge, et la Mandarine. Les limons, ou citrons de diverses grosseurs et de diverses formes. Le limon de Valence est préférable. Puis viennent les Cédrats qui ne sont bons qu'à confire. Les Limettes et les Bergamotes ne sont guère intéressantes que par l'essence qu'on extrait de leur écorce.

L'oranger exige quelques soins pour la transplantation. Il faut qu'il soit enlevé en motte, autrement il fatigue beaucoup. On le livre les racines empaquetées avec de la paille : il convient de le mettre ainsi en terre ; la paille ne tarde pas à pourrir et à laisser le libre jeu des racines. Il faut bien appuyer la terre tout autour. Si on s'aperçoit que les feuilles se flétrissent tant soit peu, on les coupe toutes, ainsi que les extrêmités tendres des rameaux. Cette opération est dans le but d'arrêter la transpiration de l'arbre, alors qu'il y a lésion dans son système radiculaire.

Bibacier ou néflier du Japon.

Le bibacier est un arbre charmant, originaire du Japon, qui a des fruits jaunes de la grosseur d'une noix, qui contiennent deux ou quelquefois trois pépins ; la saveur de ce fruit est aigrelette et très-agréable ; il mûrit au printemps, et est à peu près le seul qui vienne à cette époque. Il se greffe en écusson à œil dormant sur le coignassier ; de la sorte, il fructifie très-jeune, et est de peu de durée ; il vaut mieux le propager par la voie du semis. Il demande de l'abri, de l'eau, et les mêmes soins que l'oranger.

Goyavier.

Le goyavier est un arbre de la famille du myrte, qui est originaire des Antilles, qui donne un fruit jaune qui a la forme d'une poire ; l'intérieur de ce fruit est une pulpe rouge, qui elle-même contient des graines dures en grande quantité. Ce fruit a un parfum particulier, qui a un peu de celui de la framboise ; on en fait d'excellentes compotes.

Cet arbre exige la position la mieux abritée et la plus chaude ; mêmes soins que pour les deux précédents.

Bananier.

Bien que cette espèce ne soit qu'une plante, ses dimensions doivent la faire ranger parmi les arbres à fruits. Le bananier donne en abondance des fruits nourrissants aussi sains qu'agréables. Ils sont rangés en grand nombre sur un axe commun, en forme de grappe qu'on appelle *régime*. Cette espèce, originaire des Antilles, ou plutôt de toute la bande comprise entre les deux tropiques, est ici sur la limite extrême, vers le nord, où elle puisse vivre à l'air libre. Il lui faut, conséquemment, pour la voir réussir, de la chaleur et de l'abri, une bonne terre bien fumée, et beaucoup d'eau.

On connaît diverses espèces ou variétés de bananes ; les unes, petites et moyennes se mangent crues, quelques jours après avoir été détachées de la plante ; les autres, beaucoup plus grosses, se mangent cuites. Le bananier se propage par l'éclat des drageons, qu'il donne en grande abondance.

Framboisier. — Groseiller.

Nous ne pouvons pas clore la liste des espèces fruitières les plus intéressantes sans parler du framboisier et du groseiller. Le framboisier et ses variétés réussit, quoique médiocrement, dans nos plaines, à la condition d'être dans un terrain frais et ombragé. Quant au groseiller et ses espèces, le groseiller à grappe, groseiller épineux ou à maquereau, groseiller noir ou cassis, la chaleur des plaines leur est contraire ; ils n'y résistent que rarement. On ne peut songer à cultiver le groseiller avec succès que dans les montagnes, à 7 ou 800 mètres au-dessus du niveau de la mer.

Essences diverses.

Dans les broussailles que l'on défriche, il se trouve certaines essences dont il est bon de conserver des baliveaux de place en place.

Ainsi tous les oliviers ; ceux qui pourront être transplantés seront mis à la plantation régulière ; les autres, qui ne seront pas sur vieille souche, seront greffés sur place.

Dans les bas, et principalement le long des ravins, on rencontre souvent des aubépines ; il faudrait en conserver les plus beaux sujets. On greffe dessus des azéroliers et des néfliers, même des poiriers à bois mince, tel que le Martin-Sec.

On peut greffer, sur le lentisque, le pistachier à fruit ; on fera bien de conserver tous les sujets qui se prêteraient à cette destination.

Même recommandation pour l'arbousier, ou fraisier en arbre ; c'est l'arbrisseau le plus élégant qu'il soit possible d'imaginer ; il est toujours couvert de belles fleurs blanches et de jolis fruits rouges.

Quelques touffes de myrte, de place en place, ne feraient point mal ; car enfin, dans l'entraînement du défrichement, ce gracieux emblême pourrait bien finir par disparaître de l'Algérie.

Qu'il me soit permis, en terminant cette revue de nos espèces arborescentes, de donner encore un conseil. Dans un certain nombre de localités on est obligé d'arracher des broussailles épaisses pour mettre le sol en culture. Ce serait de ménager de distance en distance, tous les trente à quarante mètres par exemple, des bandes boisées et conservant toute leur végétation naturelle, de trois à quatre mètres de largeur, et se dirigeant autant que possible du nord-ouest au sud-est. Le colon se ménagerait ainsi des abris précieux, et certaines essences qui pourraient les composer, favorisées par la culture environnante et un jour nouveau, pourraient s'élever et former des futaies. Il préserverait ainsi, sans frais, ses champs de l'action destructive des vents rasants qui maltraitent tant les récoltes sur les surfaces dénudées.

A. Hardy,
Directeur de la Pépinière centrale du Gouvernement.

PLANTES ALIMENTAIRES.

CÉRÉALES.

De toutes les plantes utiles et les mieux appropriées au
climat de l'Algérie, les céréales sont certainement les plus
importantes, parce qu'elles fournissent à l'homme et aux
animaux une grande partie de leur alimentation. Parmi ces
dernières, le froment tient le premier rang.

DU FROMENT.

Les froments se divisent en deux groupes :

1° Celui des froments proprement dits à grains libres
et nus ;

2° Celui des épeautres, chez lesquels la balle est adhérente au grain.

Le premier groupe comprend 4 espèces :

Le froment ordinaire ou *blé fin ;*

Le *renflé* ou *poulard ;*

Le *dur* ou *corné ;*

Le *blé de Pologne.*

Ces espèces se divisent en une multitude de variétés
auxquelles les différences de culture, de sol et de climat
ont donné naissance.

Le froment ordinaire se divise encore en blé d'automne
et blé de mars , en Algérie, on ne peut cultiver que les blés
d'automne, parce que les printemps sont trop secs et trop

chauds pour permettre avec succès la culture des blés de printemps.

Les variétés de blé cultivées jusqu'à ce jour par les colons sont peu nombreuses ; on sème généralement : le blé dur indigène, le blé tendre des îles Baléares et quelque peu de touzelle. On a remarqué que les blés tendres sans barbe, arrivés à l'époque de la maturité, s'égrenaient facilement et que le vent, en agitant les épis, causait d'assez grandes pertes. Il est donc important de choisir les variétés qui ne présentent pas cet inconvénient. Parmi ces dernières, je citerai les touzelles barbues, les richelles de Naples, la pétanielle de Nice et la saizette d'Arles.

Les blés durs présentent d'assez grandes difficultés pour le battage ; leur paille est pleine, dure et doit être hâchée pour servir à l'alimentation du bétail. Le grain, il est vrai, est plus riche en matières nutritives, mais les blés tendres ont un prix plus élevé sur les marchés ; il serait donc important de donner à la culture du blé tendre plus d'extension qu'à celle du blé dur. Du reste, il est très-probable qu'avec des labours très-profonds et des engrais, on rendra les blés indigènes moins cornés. L'exposition d'agriculture de 1848 nous a montré des blés semés durs, qui ont donné, à la récolte, moitié de grains tendres.

Les blés, tendres ou durs, réussissent également bien en Algérie et donnent un produit égal.

Les terrains qui conviennent le mieux au froment sont les argileux et les argilo-calcaires ; l'élément calcaire est indispensable pour la bonne qualité du grain ; il vient mal dans les terres sablonneuses.

Cette plante réussit généralement bien après toute espèce de culture, pourvu que la terre ne soit pas épuisée et infestée de mauvaises herbes. La meilleure place qu'on puisse donner au froment, est de le semer sur un défrichement fait pendant l'hiver. On laisse le sol recevoir, pendant tout l'été, les influences atmosphériques, et, dès les premières pluies d'automne, on peut semer sur un seul labour. Sur un défrichement récent, il vaut mieux semer de l'avoine que du blé.

La préparation du sol doit nécessairement varier suivant les circonstances, ainsi que nous l'avons dit; après un défrichement exécuté au printemps, il suffit d'un seul labour, dès que les pluies ont suffisamment humecté la terre. Si l'on est forcé de semer sur un défrichement récent, il faut au moins deux labours espacés de trois semaines à un mois, aux terres dont la récolte aura été enlevée dans le courant de l'été, on donnera un ou deux labours, suivant l'état de propreté du sol.

Presque toujours il convient de semer sur guéret, c'est-à-dire sur le sol labouré mais non hersé, parce qu'on obtient ainsi un enfouissement plus profond de la semence.

On ne doit pas fumer directement la céréale; l'engrais frais surtout fait obtenir beaucoup de paille et peu de grains. Dans les assolements bien entendus, on place l'engrais sur la sole des plantes sarclées.

ÉPOQUE DES SEMAILLES.

C'est une erreur de croire qu'il y a pour chaque contrée une époque fixe de semaille, qu'on ne peut devancer ni retarder; le temps, la nature et la préparation du sol doivent guider le cultivateur; on a remarqué cependant que les blés semés de bonne heure donnent des récoltes plus satisfaisantes que les semailles tardives. En Afrique, il faut attendre, pour semer, que les pluies aient bien pénétré la terre ; cet effet a lieu ordinairement vers le 15 octobre. La semaille peut être retardée jusqu'au 15 décembre, mais, passé cette époque, le produit est notablement diminué. Quand on sème tard, il faut semer plus épais. Il est de règle aussi de semer les terres fortes avant les légères, les humides avant les sèches, les pauvres avant les riches.

CHOIX DE LA SEMENCE.

Il faut choisir pour semence le blé le plus sain et le mieux nourri ; le grain doit être pur, c'est-à-dire exempt de graines étrangères.

On répand communément un hectolitre et demi par hectare. Cette mesure ne peut être fixée d'une manière invariable ; elle varie suivant quelques circonstances. En semant de bonne heure, il faut moins de semence ; la douceur des hivers donnant au blé la faculté de taller beaucoup ; avec le semoir on économise un tiers de la semence ; si le grain est volumineux, il en faut davantage ; si le blé est bien pur, il en faut moins.

On sème généralement à la volée. Un bon semeur doit répartir la graine avec uniformité ; sa poignée et ses pas doivent être toujours égaux, et il doit avoir assez d'habitude pour les calculer à la vue, avec la quantité de semence qu'il doit répandre sur une surface donnée. Quand la semaille est bien uniforme, la maturité se fait partout en même temps ; dans le cas contraire, on voit les parties claires jaunir et venir à maturité quand les parties épaisses sont encore vertes et dans toute la force de la végétation.

La semaille se recouvre avec différents instruments. En Algérie on se sert principalement de la charrue, mais il y aurait grand avantage à remplacer cet instrument par l'extirpateur ou la herse, qui vont quatre ou cinq fois plus vite. La semence doit être enterrée à deux pouces.

CULTURES D'ENTRETIEN

Il ne suffit pas d'avoir fait les semailles dans les meilleures conditions possibles ; il faut encore, pendant le cours de la végétation, donner plusieurs façons indispensables. Une des plus importantes après la semaille, est l'établissement des sillons d'écoulement. Il faut leur donner le moins de pente possible, pour éviter les ravinements, et chaque année changer la place de ces sillons. Plus le sol est incliné, plus ils doivent être nombreux. Pour ouvrir ces sillons, on se sert d'une charrue à double versoir et l'on repasse deux fois dans la même raie.

Dans le mois de mars, ou plus tôt si le sol est bien essuyé, on donne au froment un hersage énergique. Cette méthode contribue à faciliter la croissance des tiges coronales. On emploie pour cela une herse à dents de fer si la terre est forte, et à dents de bois si la terre est légère. Le cultivateur ne doit pas s'effrayer du dégât, plus apparent que réel, causé par la herse ; on distingue bientôt, à la vigueur de leur végétation, les champs qui ont été traités de la sorte. Après le hersage, on passe le rouleau de bois ordinaire, pour raffermir la terre autour du jeune plant, écraser les mottes, afin de faciliter l'action de la faulx lors de la moisson.

Le sarclage, ou binage à la houe à main, est une bonne opération, mais longue et coûteuse ; les femmes et les enfants peuvent la pratiquer ; l'augmentation de récolte qu'elle procure paie les frais et au-delà, et le sol reste en bien meilleur état pour les cultures suivantes. Ce binage doit se donner quand le sol est sur le point d'être couvert par le blé ; plus tôt, les mauvaises herbes repousseraient encore.

On échardonne environ quinze jours après ; on se sert, pour cela, d'un petit instrument en fer, large d'un pouce et demi, long de deux, porté par un manche. On coupe la racine du chardon entre deux terres ; l'échardonnage est essentiel, parce qu'à la moisson les ouvriers se piquent les doigts. Pour l'éviter, ils prennent des précautions qui, en définitive, se traduisent par une perte de temps, soit pendant la moisson, soit pendant la mise en gerbes.

MALADIES.

Les deux maladies qui attaquent le plus communément les céréales en Algérie sont : la rouille et le charbon.

La première se montre sur les feuilles et la tige ; elle arrête le développement de la plante. La maladie apparaît sous forme de pustules, causées par une extravation de la sève. Ces pustules éclatent et répandent une poussière jaunâtre. La rouille attaque le blé, l'orge et l'avoine ; la paille rouillée n'est pas mangée par le bétail. L'humidité paraît être la cause de cette maladie.

Le charbon attaque aussi le blé, l'orge et l'avoine, mais plus spécialement l'orge. L'épi tout entier est converti en une substance noire, pulvérulente, sèche et sans odeur.

D'autres accidents peuvent encore survenir pendant le cours de la végétation des céréales. Une très-forte chaleur, le vent du sud, se faisant sentir au moment où le grain est laiteux, hâtent trop sa maturité ; il reste petit, racorni, et donne peu de farine. Pendant la floraison, les brouillards, la pluie empêchent la fécondation.

MATURITÉ DU FROMENT.

Le milieu de juin est l'époque ordinaire de la maturité. Lorsque le vent du Désert vient à souffler, vers la fin de la végétation, la maturité a lieu presque subitement, les balles desséchées s'entrouvent, et laissent échapper le grain. Quelquefois la moitié de la récolte est perdue de cette manière.

MOISSON.

Dans quelques contrées de la France, on moissonne les céréales, et surtout le froment, quelques jours avant sa complète maturité, et quand le grain cède encore sous l'ongle qui le presse fortement. On prévient, par cette méthode, une perte souvent considérable, et, partout où cette pratique est suivie, on trouve que le blé ainsi récolté est de meilleure qualité, mais il faut que la moisson reste en javelles, ou, mieux encore, en meulons jusqu'à son entière dessication, chose facile eu Algérie, où le beau temps est assuré pendant tout l'été.

Les instruments usités pour moisonner sont principalement la faucille et la faulx. Les Arabes emploient la faucille seulement et coupent très-haut.

Il serait à désirer que l'on généralisât l'usage de la grande faulx, qui présente l'immense avantage d'expédier la moisson beaucoup plus vite et mieux, en ce que l'on coupe la paille plus près de terre.

Avec la faucille, un homme peut couper 15 à 20 ares par jour ; à la faulx 50 à 60, suivant son plus ou moins d'habitude. Un faucheur habile, peut abattre les céréales sans les égrener plus qu'avec la faucille, surtout si l'on moissonne avant la complète maturité.

On ne fauche pas les céréales comme le foin : la faulx doit être armée d'un rateau, dont l'usage est de rassembler les tiges, de manière à ce que le ramasseur qui suit le faucheur ait très-peu de peine pour les mettre en javelles. L'ouvrier fauche en dedans, c'est-à-dire qu'il couche les tiges coupées contre celles qui sont encore debout. Le faucheur doit s'orienter de manière à ce qu'il ait le vent à sa gauche, parce qu'alors les tiges se trouvent naturellement inclinées sur la faulx, et il peut couper le blé plus près de terre. La résistance du vent appuie sur le rateau le blé qui vient d'être coupé, et la fauchée est plus promptement portée sur les tiges qui sont encore debout.

D'autres ouvriers sont occupés à réunir les javelles pour en former des gerbes, que l'on transporte à la grange ou sur l'aire à battre.

DU BATTAGE.

Chez les Arabes, le battage se fait au moyen de chevaux, de mulets ou de bœufs, que l'on fait marcher sur l'aire garnie des gerbes : c'est le dépiquage. Cette méthode a l'avantage d'être prompte et de donner la paille toute hachée, bien plus recherchée par le bétail que la paille entière; mais elle a l'inconvénient de laisser beaucoup de terre mélangée au grain et de rendre le vannage long et difficile.

Les Arabes utilisent le vent pour séparer le grain de la paille : en jetant en l'air le mélange, la paille va s'amonceler à quelque distance, et le grain retombe sur place.

On se sert encore de rouleaux en bois, en pierre ou en fonte pour battre les céréales.

La méthode du battage au fléau, quoique plus coûteuse, tend à s'introduire chez les cultivateurs; elle permet de conserver la paille longue, soit pour la vente, soit pour faire des couvertures de chaume ou de la litière. Plus tard, lorsque la culture des céréales se fera sur une plus grande échelle, il sera économique d'avoir dans chaque village une machine à battre.

Quand le grain est parfaitement nettoyé par le vannage et le tarare, on le porte au grenier, où il est étendu en couches de 30 à 40 cent. d'épaisseur. On a soin de le brasser souvent à la pelle, et de refaire le tas à côté, pour l'aérer, l'empêcher de fermenter, et de contracter des moisissures ; mais il est exposé aux ravages des rats, des oiseaux, des fourmis qui parviennent à s'introduire dans les greniers ; et en outre, il devient la pâture de quelques insectes particuliers qui naissent et vivent dans le grain même et en dévorent la substance jusqu'au germe, tels que les charançons et les fausses-teignes.

Le meilleur moyen de conserver le grain à l'abri des insectes, serait de le mettre dans des silos, comme le font les Arabes ; mais ce mode de conservation est utile quand on veut garder le grain longtemps avant de l'employer, et, de plus, il faut au moins 20 hectolitres pour remplir un silo car il ne vaudrait pas la peine d'en faire de plus petits.

M. Dombasle, par des expériences répétées pendant plusieurs années, a démontré que le charençon périt quand on le prive d'aliments pendant un certain temps, à la température ordinaire de l'été. Pour purger une ferme de ces insectes, il faut donc en éloigner le froment et tous les grains dont il peut se nourrir. L'espace d'un mois est suffisant pour les faire tous périr, mais il est indispensable de choisir l'époque de l'année où la tempure est la plus élevée ; au-dessous de 20 degrès, les charançons peuvent vivre longtemps sans manger, et, dès que la température descend à 7 ou 8, *ils* peuvent vivre indéfiniment sans nourriture. Les femelles ne déposant leurs œufs que dans le grain qui doit nourrir les jeunes insectes, on en purgera les greniers et les granges, pourvu qu'on ait opéré à la fois sur tous les locaux de la ferme, et qu'on ait enlevé avec soin tout ce qui pourrait leur servir de nourriture. Il faudrait donc qu'à la fin d'avril le cultivateur ait vendu tous ses grains.

Dans les bonnes terres, et dans les années ordinaires, le rendement moyen du froment est 18 à 20 hectolitres par hectare. La quantité de paille varie entre 20 et 30 quintaux métriques. Le poids d'un hectolitre de blé, venu dans de bonnes conditions, est de 77 à 78 kilos.

DE L'ORGE.

Cette céréale présente deux espèces : l'orge à deux rangs et l'orge à six rangs.

Les orges ont toutes la corrolle adhérente au grain, sauf deux variétés qui sont : l'orge nue à deux rangs, et l'orge carrée nue ou *orge céleste*.

On cultive habituellement en Afrique l'orge à six rangs ; c'est celle qui donne les produits les plus assurés et les plus abondants. L'époque de la semaille est la même que pour le blé ; cependant on peut la retarder jusqu'au 15 janvier. Pour les semailles tardives, on ferait bien de cultiver la petite orge carrée, parce qu'elle est plus précoce que l'autre.

Les orges demandent une terre franche, meuble et riche; les terres sablonneuses ne lui conviennent pas. Tout ce qui a été dit sur la préparation du sol et les diverses opérations de culture pour le blé s'applique pareillement à l'orge ; seulement je ferai remarquer que l'orge se trouve particulièrement bien d'un hersage énergique au printemps. Pour le pratiquer, il faut attendre le moment le plus chaud de la journée, parce que les tiges sont alors moins cassantes que le matin.

On sème ordinairement 2 hectolitres de grains. Depuis une année ou deux, on a cultivé, aux environs d'Alger, l'orge nue et l'orge céleste. Ces deux variétés se distinguent des autres par le grain, qui est nu comme celui du blé, et qui donne une farine blanche, bonne pour la fabrication du pain. Ces orges donnent un produit avantageux, mais elles demandent une terre riche et bien préparée; elles s'égrènent facilement à la moisson. On en sème 1 hectolitre 1[2.

On cultive encore l'orge pour fourrage vert. Si elle a été semée de bonne heure, on la coupe au mois de mars et on obtient encore une assez bonne récolte en grain.

L'orge se moissone dix jours avant le froment. Le produit de cette plante est à peu près le double de celui du blé en grain; la paille d'orge est une excellente nourriture pour le bétail.

On consomme beaucoup d'orge en Algérie et la culture de cette céréale sera toujours avantageuse aux colons,

DE L'AVOINE.

Depuis quelques années, l'avoine tend à prendre une place marquée parmi les cultures des colons. L'expérience a démontré, contrairement à ce que l'on croyait, que son grain était une excellente nourriture pour les chevaux de trait pendant l'hiver, et qu'il n'avait pas l'inconvénient de les échauffer, comme on le pensait.

De toutes les céréales, l'avoine est la moins exigeante sur

le choix du terrain ; elle vient très-bien sur les défrichements récents, et c'est en Algérie la place qui lui convient le mieux.

L'avoine d'hiver blanche est celle qui semble être adoptée en Afrique.

On sème dès le mois de novembre à raison de 4 hectolitres à l'hectare ; c'est la plante qui supporte le mieux les semailles abondantes parce qu'il y a beaucoup de grains qui ne germent pas. L'avoine s'accommode très-bien des hersages du printemps. La récolte n'a pas lieu à une époque bien déterminée, parce que tous les grains ne mûrissent pas en même temps.

Il est avantageux de couper l'avoine lorsqu'elle est encore un peu verte, pour éviter la perte causée par les vents ; mais alors il est nécessaire de la laisser javeler, c'est-à-dire rester pendant une huitaine de jours au moins sur le le sol, pour que le grain arrive à sa perfection.

La paille d'avoine est une excellente nourriture pour le bétail. On cultive aussi cette plante pour la couper en vert.

Le produit en grain varie de 20 à 60 hectolitres, suivant la fertilité de la terre. Une bonne avoine doit peser 50 kilos l'hectolitre. Le produit en paille varie entre 1500 et 4000 kilos.

DU SEIGLE.

Les colons ne trouveront jamais de l'avantage à cultiver le seigle en grand, mais ils feront bien d'en semer quelque peu dans les plus mauvaises terres, pour sa paille, qui est préférable à celles de toutes les autres céréales pour fabriquer les liens des gerbes et faire les couvertures de chaume.

Tout ce qui a été dit du blé se rapporte au seigle, qui se moissonne 10 à 15 jours plus tôt que le froment.

DU MAIS.

Le maïs, de la famille des graminées, est une plante d'été. Les Arabes le cultivent à l'arrosage, mais l'expérience a démontré qu'en le semant de bonne heure, dès la fin de février ou le commencement de mars, il réussirait très-bien dans les terres non irriguées.

Le maïs n'est pas trop exigeant sur le choix du terrain, mais c'est la plante qni profite le mieux d'un sol riche ou bien fumé. La quantité du produit est en raison de la fertilité.

On cultive plusieurs variétés de maïs : le jaune, le blanc, le rouge et le quarantain. Le jaune est le plus estimé.

Dans les terres fraîches on sèmera avec avantage le grand maïs d'Amérique ; dans les terres plus sèches, on cultivera les variétés plus hâtives, le quarantain, le maïs de Pensylvanie et le petit maïs à poulet.

On cultive le maïs comme plante sarclée ; sa place dans l'assolement est sur fumure ; on le sème en ligne ; on choisit pour semence les grains du milieu de l'épi ; on emploie environ 30 à 40 litres par hectare. On dépose le grain derrière la charrue sur le revers de la bande de terre, de manière à ce que les grains soient enterrés de 2 à 3 pouces ; on sème toutes les trois raies et chaque grain est espacé de 40 à 50 centimètres. Le maïs ne se repique pas : il vaut mieux semer dans les vides du maïs précoce. Si les plants sont trop serrés, on enlève les superflus, ainsi que les épis surnuméraires, on se procure ainsi un fourrage précieux pour les vaches laitières.

Aucune plante ne profite aussi bien que le maïs des binages et sarclages qu'on lui donne. Le premier se fait aussitôt que les jeunes plantes sont sorties, et par un temps sec ; en France on opère avec la houe à cheval. Quinze jours après, on donne le second binage, et lorsque le maïs a atteint 20 à 30 centimètres de hauteur, on le butte une première fois, et une seconde 20 jours après.

La récolte se fait dès que l'enveloppe de l'épi est desséchée, et le grain dur. On détache alors les épis de la tige et immédiatement on les dépouille de leur enveloppe, puis on les expose quelque temps au soleil. Dans quelques pays on laisse quatre feuilles à chaque épi, on les retrousse, puis on les noue ensemble pour permettre de suspendre les épis sous l'avant-toit de la maison.

Après la récolte, on enlève les tiges, qui servent, ainsi que les enveloppes, à la nourriture du bétail.

Pour conserver le maïs, M. Dombasle a donné le moyen suivant : on construit une cage à claire voie où le maïs est déposé ; la cage a un mètre de largeur, sur deux de hauteur et une longueur indéterminée ; elle est supportée par pillers de 1 mètre et demi de hauteur.

Le maïs en épis a un volume trois fois plus considérable qu'en grains.

Le rendement du maïs est plus abondant que celui du blé ; il varie entre 20 et 80 hectolitres à l'hectare.

On peut, entre les tiges du maïs, semer des haricots, qui donnent encore un produit assez important. Indépendamment du grain, le maïs donne des spathes (feuilles qui qui enveloppent l'épi), dont on se sert pour la literie, des rafles (on appelle ainsi le support du grain) avec lesquels on peut chauffer le four, et des tiges qui sont très-recherchées par le bétail.

Le grain pèse 68 kilos l'hectolitre.

Le maïs est sujet au charbon : c'est une excroissance noire qui se développe sur l'épi.

Quand on peut arroser le maïs, on donne l'eau après le premier buttage ; on arrose trois ou quatre fois, suivant la nature du sol, l'époque de la semaille et la quantité d'eau dont on dispose.

On cultive encore le maïs pour couper en vert ; c'est une des meilleures nourritures pour le bétail ; on le sème à la volée ; beaucoup plus épais qu'à l'ordinaire, après les premières pluies, ou au printemps. On le coupe lorsqu'il est en fleur.

DU MILLET.

Il y a deux variétés de millet : le commun et le millet d'Italie ; le commun est le plus estimé.

Cette plante résiste très-bien à la sécheresse, et s'accommode également d'un terrain nouvellement défriché. On sème ordinairement à la volée vers le commencement de mars, à raison de 15 à 20 litres par hectare. On supplée aux binages par des hersages donnés dans le milieu du jour pour ne pas endommager les jeunes plants. Si on sème en lignes, on doit biner et butter comme pour le maïs, mais on ne laisse que 40 centimètres entre les lignes. On récolte quand la plus grande partie de la graine est mûre, et on met en petites meules après un javelage de quelques jours.

On bat au fléau.

Le grain est un assez bon aliment pour l'homme ; il sert principalement pour engraisser la volaille ; enfin on le cultive encore pour fourrage.

Le millet donne environ 30 hectolitres à l'hectare.

DU SORGHO.

Cette plante convient spécialement à l'Afrique, et surtout dans les contrées où la sécheresse ne permet pas de cultiver le blé. Il en existe plusieurs variétés ; les plus communes sont : le rouge, ou sorgho à balais ; le blanc, que les Arabes nomment *dourah*, et le saccharin. Ces deux dernières donnent un grain plus abondant et meilleur que le sorgho rouge.

On cultive le sorgho comme le millet. On peut encore le planter en bordures le long des terres, pour abriter d'autres cultures.

La plante verte est très-recherchée par tous les bestiaux, et le grain sert à la nourriture de l'homme et des animaux. En France, on cultive le sorgho pour en faire des balais : un hectare peut en donner 90 douzaines, chacune se vend 8 à 9 francs.

DU SARRAZIN.

Cette plante est originaire des pays chauds. Trois mois suffisent à sa végétation ; malheureusement son grain a peu de valeur pour la nourriture de l'homme et sa paille n'est bonne que pour litière.

En revanche, le sarrazin n'est pas exigeant sur le choix du terrain ; on peut le cultiver sur un défrichement récent. On le sème au mois de mars à raison de 60 litres par hectare. Il ne demande aucune façon pendant sa végétation. On récolte le sarrazin quand la plus grande partie de la graine est mûre ; on le laisse en bottes sur le champ, jusqu'à ce qu'il soit assez sec pour être battu. Il donne 20 à 25 hectolitres par hectare et n'épuise pas le sol. Quand on n'a pas assez d'engrais pour fumer, on sème du sarrazin qu'on enfouit en terre au moment de la floraison.

Dans les contrées où l'on fait la spéculation des abeilles,

le sarrazin est une très-bonne ressource, parce que sa fleur fournit en abondance à ces insectes des matériaux pour la confection du miel et de la cire.

Son grain est une bonne nourriture pour tous les animaux, et spécialement pour la volaille, qu'il engraisse rapidement.

E. Roy,
Inspecteur de la Colonisation.

PLANTES POTAGÈRES.

Pour asseoir la culture potagère , on choisit d'abord l'emplacement le mieux abrité et la meilleure qualité de terrain. Dans la plupart des cas, lorsque ces conditions ne se rencontrent pas dans certaines circonscriptions, on les crée. En Algérie, on n'aura jamais guère que l'embarras du choix, quant à la qualité du sol. Pour l'abri, on se le procure toujours, à l'aide des plantations, qui, non-seulement abritent, mais produisent elles-mêmes. Il faut forcément de l'eau pour combattre la sécheresse pendant l'été, autrement, pas de légumes pendant trois à quatre mois. S'il se rencontre une source, un cours d'eau, on se hâtera de les utiliser ; si ce cas ne se présente pas, il faudra creuser un puits. Si, dans le territoire d'un village , les conditions requises ne se rencontrent qu'en un seul endroit, il faudra forcément y établir les jardins potagers de chacun. Ils jouiront ainsi du même abri, de la même qualité de sol, des mêmes moyens d'irrigation.

L'emploi d'un certain nombre de plantes potagères ne se borne pas aux besoins journaliers de la famille, elles sont l'objet d'une culture plus étendue pour la nourriture du bétail et pour l'usage qu'en fait l'industrie manufacturière agricole, qui les convertit en denrées commerciales. Nous aurons soin d'indiquer aux articles de chacune d'elles les différents usages auxquels elles sont propres, et les différents degrés qu'elles doivent occuper dans l'échelle de la production.

§ Ier. PLANTES TUBERCULEUSES.

Pommes de terre.

Bien qu'ayant un rendement ici un peu inférieur à celui des pays plus septentrionaux, la pomme de terre donne néanmoins des récoltes très-utiles. Les détails de cette culture sont généralement connus. La conservation des pommes de terre n'est pas aussi facile, aussi complète ici qu'en France. On ne peut pas la réunir en masse dans les celiers et les caves ; l'humidité qu'elle renferme, jointe à la température toujours assez élevée des locaux, la fait fermenter et pourrir très-promptement. Pour la conserver hors de terre, il faut l'étendre dans le grenier et autres endroits aérés, par couches minces et couvertes de paille ; dans cet état, elles peuvent se conserver deux mois et plus sans se rider ni pousser.

Pour conserver une certaine quantité de pommes de terre de cette manière, il faudrait nécessairement beaucoup d'emplacement ; heureusement que les récoltes peuvent être rendues permanentes par des plantations successives, et échelonnées à de courtes distances. L'important est de laisser bien mûrir en terre le plant, et de le laisser arraché dans le grenier, comme il a été dit, pendant un mois environ, avant de le planter, de sorte qu'à chaque récolte, il faudrait toujours tenir en réserve une certaine quantité de plants pour les plantations successives.

On plante, depuis septembre jusqu'en mars, à la faveur des pluies, sans qu'il soit nécessaire d'arroser ; pour les plantations faites en dehors de ce temps, il est nécessaire d'irriguer, on est même obligé de le faire pour la fin de la récolte de mars et le commencement de celle de septembre. Ce sont les plantations faites en janvier et février qui sont les plus productives ; ce sont celles que l'on doit faire de préférence en grand.

La pomme de terre aime un terrain bien préparé et abondamment fumé ; dans les défrichements, il faut choisir les endroits ou l'humus s'est accumulé pour les plantations d'hiver.

Pour les planter, on ouvre à la houe des potets, à 40 ou 50 centimètres de distance ; ou mieux, on les met en ligne, dans une rigole ouverte à la houe ; on met les tubercules à 20 ou 25 centimètres les uns des autres, sur la ligne, et ces lignes sont écartées l'une de l'autre de 50 à 55 centimètres. Cette disposition convient mieux pour les arrosages ; en buttant les plantes avec la houe, on forme un billon dont les plantes occupent le milieu ; il en résulte entre chaque billon une rigole, dans laquelle on fait couler l'eau des irrigations. Si la surface du billon vient à se croûter, et par suite se gercer, on donne un binage léger, avec le sarcloir ou avec la fourche, pour *défermer* la terre.

Dans la culture en grand, on place les pommes de terre également en ligne, derrière la charrue et toutes les trois raies. Quand la plantation est achevée, on herse à plusieurs reprises, jusqu'à ce que la terre devienne meuble, si auparavant elle était compacte, et on le fait en long et en travers, avec une herse à dents de fer ; on se sert aussi du rouleau, s'il y a beaucoup de mottes, de sorte que le terrain soit en parfait état lorsque les tiges des plantes commencent à sortir de terre. Lorsque les tiges ont 10 à 15 centimètres de hauteur, on commence à les butter avec une charrue à deux versoirs, dite buttoir ; on ne prend d'abord que très-peu de terre, afin de ne pas enterrer les tiges, mais seulement les accoter ou les chausser ; on répète la même opération à deux ou trois reprises différentes, en approfondissant à chaque fois, jusqu'à ce que les billons soient complètement formés. La naturalisation de la pomme de terre se faisant assez difficilement par l'introduction des tubercules, il convient de la vulgariser par la voie des semis, qui créeront certainement des variétés nouvelles plus appropriée au climat, ainsi que nous en avons déjà l'exemple. Dès l'année même du semis, on obtient des tubercules assez gros pour former d'excellent plant pour la plantation suivante. On sème la graine comme on sèmerait pour du plant de chou. Lorsque les plants ont cinq à six feuilles, on les repique dans un terrain bien préparé, un peu plus rapprochés que les pommes de terre adultes, on les butte de même.

Patates.

La patate est originaire de l'Inde et de l'Amérique méridionale. Cette plante alimentaire est d'une culture très-étendue dans les pays chauds, et elle est pour eux ce qu'est la pomme de terre dans les pays froids et tempérés. Elle n'est pas moins avantageuse en Algérie.

Elle se plante au moyen de drageons enracinés ; pour se procurer ce plant, on met, fin février, sur une couche, dans du terreau, ou le long d'un bon abri, dans de la terre légère, des tubercules conservés de l'année précédente, qu'on enterre et qu'on recouvre d'un bon travers de doigt d'épaisseur. Un tubercule de moyenne grosseur peut donner jusqu'à cent plants. Il faut garantir la petite pépinière des pluies violentes au moyen de paillassons inclinés.

Bientôt de nombreux jets sortent de toute la surface du tubercule ; quand ils ont trois à quatre feuilles, ils doivent être pourvus de racines à la base ; alors on les sépare avec un couteau et on les plante sur des billons, distants de 60 centimètres de sommet à sommet, et on met les plants, qu'on repique avec un plantoir, à 40 centimètres les uns des autres sur le billon. On fait ensuite au pied de chaque plant un petit bassin à la main ; on donne à ces plants un peu d'eau de temps en temps avec l'arrosoir, et on met dessus une poignée d'herbes pour les garantir du soleil, jusqu'à ce que la reprise soit complète.

Le terrain où l'on plante les patates doit être en bon état de culture ; on dresse les billons avec la houe dans le potager, et avec la charrue-buttoir dans la culture en grand. A partir du moment où les tiges commencent à ramper sur le sol, on irrigue de temps en temps, jusqu'à ce qu'elles le couvrent entièrement.

Dès la fin de juillet, ou au commencement d'août, on peut déjà tirer quelques tubercules, des plus avancés, pour la consommation, en ayant soin, toutefois, de ne pas endommager les voisins. La récolte se fait dans le courant d'octobre, avant l'arrivée des grandes pluies, qui la feraient pourrir. Par un beau jour, on soulève les tubercules avec la fourche ; on les laisse ressuyer, puis on les rentre le soir même, dans le grenier ou autre endroit sec ; on les dispose superficiellement sur le plancher ou sur des étagères, puis on les couvre avec du foin ou de la paille. On commence par consommer ou vendre les plus gros, parce que ce sont ceux qui se gâtent le plus vite.

Dans les terrains légers, qui s'égouttent facilement, les tubercules se conservent sans peine quand l'hiver n'est pas trop rigoureux ; nous connaissons, dans cette condition, des plants qui durent depuis cinq ans. Les patates pourrissent avec la plus grande facilité dès la moindre contusion ; il faut donc les mener avec le plus grand soin pendant les opérations d'arrachage et de rentrée. Les variétés les plus estimées sont : la patate igname, la grosse-blanche, la rose de Malaga. Le feuillage des patates, qui est très-abondant, peut être donné en nourriture aux bestiaux qui le mangent avec plaisir.

Topinambour.

Le topinambour se plante en janvier, de la même manière que les pommes de terre. On le butte de même, soit avec la houe, soit avec la charrue-buttoir, suivant l'importance de la culture. Ensuite, on bat et on tasse la terre, autant que possible, de chaque côté des billons, afin de maintenir les jets courants et les forcer de se transformer en tubercules. La récolte peut commencer à se faire en septembre ; les tubercules ne sont pas formés avant. Ils viennent assez bien dans les terrains médiocres, et ils peuvent se passer d'arrosage pendant l'été. La plantation peut durer plusieurs années ; le topinambour pullule avec une telle abondance, qu'on a de la peine à s'en débarrasser une fois qu'il s'est emparé d'un terrain.

§ II. Plantes a tiges charnues.

Betteraves.

C'est une plante bisannuelle de l'Europe méridionale.

On cultive, pour manger, la betterave jaune, et surtout la rouge de Castelnaudary ; mais plus en grand pour le bétail, la disette ou champêtre, qui vient sur terre et prend des proportions énormes. La betterave blanche se cultive exclusivement pour la fabrication du sucre ; nous n'avons pas à nous en occuper ici, quant à présent.

Il faut à la betterave un excellent terrain, labouré profondément et copieusement fumé. On sème en septembre et en octobre, dès que la terre est détrempée ; les plantes se développent à la faveur des pluies de l'automne et peuvent servir de bonne heure, au printemps. A cette époque, ces semis montent à graine ; il faut donc viser à ne produire que ce que l'on peut consommer immédiatement. De janvier à mars, on peut encore échelonner deux semis, dont les plants prendront tout leur développement avant l'arrivée de l'extrême sécheresse. On peut laisser ces plantes racines en terre ; elles cesseront de pousser, se conserveront mieux ainsi que si on les rentrait ; elles ne monteront pas en graine aux premières pluies, mais seulement au printemps suivant. Au mois de mars on peut encore faire des semis, et même jusqu'à la mi-avril ; mais ils devront être irrigués à partir du mois de mai, pour que les plantes puissent prendre un développement convenable.

On sème en place ou en pépinière pour repiquer, mais le repiquage fatigue énormément les plants ; on est obligé de les arroser à l'arrosoir, de temps à autre, jusqu'à la reprise, ce qui allonge singulièrement la besogne, sans compter le retard que cette transplantation apporte dans la croissance. Les semis sur place se font en ligne. Dans le potager, on fait des rayons à la houe, à 30 centimètres les uns des autres : on laisse tomber une graine tous les cinq centimètres, puis on recouvre légèrement. Plus en grand, on sème entre raies, et toutes les deux raies, en observant entre les graines la même distance que ci-dessus ; puis on herse légèrement. Quand le semis est assuré, on éclaircit jusqu'à ce que les plantes soient distantes entre elles, sur la ligne, de 20 à 30 centimètres.

On sarcle et on bine chaque fois que la pluie a battu la terre ou que les herbes commencent à paraître.

Les premiers semis peuvent s'établir à partir de la fin de septembre, au moment des premières pluies, et être échelonnés à un ou deux mois d'intervalle, jusqu'au mois d'avril, et même, avec quelques soins dans l'irrigation, on peut les prolonger pendant tout l'été ; il vaut donc mieux moins semer à la fois, et avoir des récoltes non interrompues. Les semis faits en septembre montent en graine au printemps ; on choisit auparavant les plus belles betteraves pour cet objet, et on les plante dans un bout de planche, à 30 centimètres de distance.

Carottes.

Il faut à la carotte un terrain rendu bien meuble, et substantiel. Pour les semis qui se font depuis la fin de septembre jusqu'au mois de mars, on dresse des planches ordinaires ; quelques arrosages à l'arrosoir suffisent pour la levée, en cas de hâle ; mais pour les semis de printemps et d'été, il faut faire des planches creuses pour contenir l'eau des irrigations.

La carotte rouge-courte est la variété préférable pour le jardin potager ; on cultive pour le fourrage la carotte blanche à collet vert ; on la sème en mars ; on peut en dresser les planches à la charrue, après quoi il faut revenir avec la houe pour régulariser le terrain. Il faut pouvoir disposer d'une certaine quantité d'eau pour cette culture. Si le temps est beau, on peut établir de ces semis en janvier; ceux-là, s'ils réussissent, demanderont moins d'irrigation. On sème dans la proportion d'un gramme de graine pour chaque deux mètres de superficie. On répand la graine à la main, aussi uniformément que possible; mais on herse avec la fourche; on appuie la terre, s'il est nécessaire, légèrement avec le dos de la pelle. Pour empêcher la terre de se battre sous les grandes pluies d'hiver, puis de gercer ensuite, il faut répandre sur le semis une légère couche de paillis, ou à défaut, on range de légères broussailles sur le terrain, qui arrêtent le choc de la pluie, et empêchent la terre de se croûter à la superficie. Quand le semis est assuré, on éclaircit de manière à ce qu'il y ait 10 à 15 centimètres de distance entre chaque plant. On sarcle chaque fois que l'herbe se présente.

Navets.

Les variétés qui réussissent le mieux ici sont : le navet long des Vertus, celui de Meaux, le rond-blanc et le rose du Palatinat. Le turneps vient très-gros, mais il est moins bon à manger que les précédens; on ne le sème que pour le bétail.

Les semis se font à partir de la fin de septembre, et peuvent être échelonnés jusqu'en juin; mais ces derniers semis demandent beaucoup de soins, et les navets perdent parfois de leur saveur sous l'influence de la chaleur, ils deviennent âcres et d'un goût fort, mais pendant toute la saison tempérée ils sont délicieux. Les navets semés en automne, et même au commencement de l'hiver, montent en graine au mois d'avril; il faut s'empresser de les consommer avant cette époque, et ne réserver que ceux que l'on destine à la production de la semence. On leur choisit le terrain le plus léger; il faut qu'il soit précédemment fumé. On sème à demeure, à la volée, à raison d'un gramme de graine par chaque trois mètres de superficie. Les semis de turneps ou autres, que l'on voudrait faire en grand, doivent avoir lieu dans le courant d'octobre. Sur les guérets en bon état, après un bon hersage, on herse de nouveau pour enterrer la graine, et on passe le rouleau. On sarcle et on éclaircit à 12 ou 18 centimètres de distance, et on bine légèrement s'il est nécessaire.

Chou-rave.

Il y a le blanc et le violet; tous deux sont d'égale qualité. La partie comestible est la tige renflée au-dessus du sol, en forme de boule, sur laquelle sont attachées les feuilles. Il s'emploie aux mêmes usages que le navet, et il a cet avantage qu'il s'obtient très-facilement pendant l'été.

Les premiers semis peuvent avoir lieu à la fin de septembre ou au commencement d'octobre, et être échelonnés pendant tout le cours de l'année. On fait ces semis en pépinière; puis on repique le plant à demeure, lorsqu'il est assez fort, à 40 centimètres de distance en tous sens.

Céleri-rave.

Les céleris sont très-délicats en Algérie; celui-ci est le plus avantageux; mais, comme les autres, il est extrêmement lent à croître, et demande de nombreux soins.

Il faut le semer en juin, à demi-ombre, qu'on se procure en suspendant des branchages au-dessus ; on arrose fréquemment. Le plant est ordinairement bon à mettre en place au mois d'août. On fait des planches creuses de 1 mètre 20 cent. de largeur ; on met quatre rangs dans la planche, et les plants à quarante centimètres sur le rang. On irrigue copieusement une fois que le plant est repris. On bine souvent, et on coupe les feuilles du bas à mesure qu'elles vieillissent, afin de favoriser le développement de la tige en largeur. Les céleris à côtes se cultivent de même, seulement il faut les butter pour les faire blanchir.

Panais.

Plante bisannuelle, à racine aromatique, qui n'a qu'une importance très-secondaire dans l'alimentation, mais qui est employée pour donner du goût au potage. On sème fin septembre et fin janvier. Il faut environ un gramme de graine pour trois mètres de superficie. Le semis de septembre monte ordinairement à graine au printemps, le semis de janvier donne des racines pendant toute l'année.

Radis.

On peut semer toute l'année, et récolter toute l'année, rien de plus facile à obtenir ; il suffit pour un ménage de semer un demi-mètre de superficie tous les quinze jours, et de l'entretenir à l'eau, ceci se comprend pour le petit radis rose hâtif, variété la plus recommandable.

Le radis gros noir se sème dans le courant de septembre, à la même distance que les navets et de la même manière. On le mange cru pendant tout l'hiver. En semant en février, et en arrosant en temps de sécheresse, on en peut obtenir dans tout le courant de l'été.

Raves.

Les raves se cultivent exactement comme le radis. On préfère la petite rose.

La rave blanche et la rave violette peuvent se cultiver comme racines fourragères, pour la nourriture du bétail à l'étable pendant l'hiver ; on sème en ce cas en septembre ou au commencement d'octobre, de la même manière que les navets. Ces raves, semées à cette époque, prennent ici des proportions énormes, on en voit au printemps d'aussi grosses que de belles betteraves disettes.

Scorsonnère et Salsifis.

Ces deux plantes, dont la première est à racine noire extérieurement, et l'autre blanche, se sèment à demeure dans le mois de septembre et le mois de janvier, dans un terrain bien préparé, à raison d'un gramme de graine par mètre de superficie. Les soins consistent à arroser pendant la sécheresse, et à sarcler lorsqu'il y a des herbes. Ces plantes, surtout le scorsonnère, sont encore bonnes à manger après avoir monté à graine, et peuvent durer 2 ans.

Scolyme d'Espayne.

On appelle ainsi une sorte de chardon à fleur jaune, branchu, à feuillage raide et très-piquant, qui est très-abondant le long de nos chemins où il incommode les passants.

Semée en septembre, et traitée comme les deux précédents, elle développe une racine charnue qui ne leur est pas inférieure au printemps.

§ III. Plantes bulbeuses.

Ail commun.

C'est une plante vivace qui se multiplie par ses cayeux.
On prend une tête d'ail, on la partage en autant de parties
qu'elle se compose de bulbilles, on les repique à 15 centimètres de distance en tout sens ; on donne quelques binages. Lorsque les feuilles commencent à jaunir, ce qui a
lieu en juillet, on arrache, on laisse sécher une journée
sur le terrain, puis on bottèle les bulbes pour les pendre
dans le grenier.

Ciboule vivace.

On l'emploie comme assaisonnement en fourniture de
salade ; il est bon d'en avoir quelques touffes dans son
jardin ; on la multiplie par l'éclat de ses drageons, qu'on
repique à 15 ou 20 centimètres de distance.

Civette ou Appétit.

Plante plus petite que la précédente, et que l'on emploie aux mêmes usages, pour l'assaisonnement. On la
multiplie par éclats que l'on plante en bordure en novembre. On ne consomme que la partie hors terre. On arrose
pendant l'été et on coupe souvent pour qu'elle soit tendre.

Échalotte.

L'échalotte se traite en culture exactement de la même
manière que l'ail, seulement on l'enfonce un peu moins
en terre, et on choisit un terrain qui s'égoutte bien l'hi-

ver, car elle craint beaucoup l'humidité ; donc, pas d'arrosements.

Oignon.

On cultive indistinctement le blanc et le rouge, qui sont tous deux estimés ici au même titre. On fait principalement des semis à deux époques, au commencement de septembre et dans le courant de janvier. Le premier semis est ordinairement fait en pépinière, pour repiquer ensuite, le second se fait sur place.

Dans le premier cas, on sème assez épais, et lorsque le plant a pris la grosseur d'un fort tuyau de plume à écrire, on le soulève avec soin et on le repique, dans un sol bien préparé, à 15 centimètres de distance en tous sens. Cette première saison donne des produits à consommer au printemps, en même temps que les pois. La seconde saison est principalement pour conserve.

Dans le second cas, on sème à demeure, sur sol bien préparé, à raison de deux grammes de graine pour trois mètres de superficie, on herse et on appuie la terre avec le dos de la pelle, ou avec des planches attachées aux pieds ; on éclaircit au besoin, pour que les plants se trouvent à 15 centimètres en tous sens, on sarcle et on bine avec le sarcloir lorsqu'il est nécessaire. On récolte les oignons lorsque les fanes se dessèchent, on les réunit en bottes, et on les suspend au mur dans le grenier.

Poireau.

Le poireau se sème comme l'oignon en septembre et en janvier ; au moyen de ces deux semis, on peut avoir des produits bons à manger en tout temps. On sème d'abord

en pépinière assez dru, puis lorsque le plant a la grosseur
d'une plume à écrire, on le repique à 15 centimètres de
distance dans des planches labourées profondément ; on
l'enfonce à 8 ou 10 centimètres de profondeur. Le repiquage de la seconde saison, que l'on doit faire plus abondant que le premier , doit avoir lieu dans des planches
creuses , parce qu'il sera nécessaire d'irriguer quelques
fois pendant l'été.

§ IV. Plantes légumières ou comestibles par leurs

FEUILLES.

Chicorée.

La chicorée sauvage n'a ici qu'un intérêt secondaire ,
attendu que l'on peut se procurer facilement de la salade
en tout temps. En France on la cultive pour la faire blanchir pour la provision d'hiver.

Mais la chicorée frisée ou endive est d'une très-grande
utilité pour les salades d'été et d'automne. On sème en
juin et juillet premièrement, puis on échelonne ses semis
de mois en mois jusqu'à octobre, en pépinière, dans une
terre légère et bien préparée ; on bassine fréquemment
à l'arrosoir, et on éclaircit au besoin, de manière à ce que
le plant soit vigoureux.

Pour les planter à demeure , on établit des planches
creuses d'un mètre 20 centimètres de largeur, on repique
4 à 5 rangs dans chaque planche. Lorsque les chicorées
ont pris tout leur développement, on les lie pour les faire
blanchir, au fur et à mesure des besoins.

On cultive une variété à feuilles entières et plus large
que l'on nomme *scarolle*.

Choux.

Les variétés qui réussissent le mieux ici appartiennent à la race des choux cabus qui sont : chou de Bonneuil, chou pain de sucre, chou cœur de bœuf et chou pommé indigène. Toutes ces variétés se sèment dans le courant d'août et de septembre ; on peut prolonger le semis des pain de sucre et cœur de bœuf jusqu'au mois de février, pour que les récoltes puissent se prolonger aussi avant que possible dans l'été ; car à cette époque, il est difficile d'élever des choux, ils restent pendant les 3 mois les plus chauds de l'année sans profiter. On établit en pépinière, dans un coin du jardin bien préparé, les semis que l'on repique à demeure lorsque les plants ont 5 à 6 feuilles. L'emplacement qui doit les recevoir, doit être profondément labouré et copieusement fumé. On plante les choux cœur de bœuf et pain de sucre à 50 centimètres de distance en tous sens ; et les autres qui prennent de plus grandes dimensions à 60 centimètres. On donne plusieurs binages pour activer la végétation. Ceux qui seront plantés après le mois de mars, auront besoin d'être irrigués, il faut pour cela dresser de légers billons, sur le revers desquels on les place ; on fait couler l'eau dans la rigole formée à la base.

On peut cultiver en grand les deux variétés de Bonneuil et indigène ; on laboure aussi profondément que possible à la charrue un terrain bien fumé, on plante dans le courant d'octobre.

On cultive aussi pour fourrage le chou cavalier, qui ne pomme pas, et qui ne donne que des feuilles, qu'on détache de la tige au fur et à mesure que la plante s'élève ; il atteint deux mètres et plus de hauteur. On le sème en août et on le plante fin septembre. On peut en établir un semis en janvier pour mettre à demeure en mars ; ce chou est assez rustique et résiste assez bien à la sécheresse lorsqu'il se trouve dans un terrain qui a du fond. Il est une précieuse ressource pendant l'été pour donner du vert au bétail, alors que tout est desséché sous l'ardeur du soleil.

Laitues.

Les laitues sont de deux espèces : la laitue pommée et la laitue-romaine. Elles font principalement les salades de printemps et d'été. On peut commencer à semer l'une et l'autre à la fin de septembre, et elles sont destinées à succéder à la chicorée. On peut échelonner les semis de la première jusqu'au mois de mai, et de la seconde jusqu'en mars seulement. Les meilleures variétés de laitue pommée sont : pour l'hiver, la laitue passion, que l'on sème en premier ; puis la laitue palatine et la grosse brune paresseuse, enfin la laitue blonde d'été et la laitue de Versailles.

Les meilleures laitues-romaines sont d'abord : pour premier semis, la verte ou la blonde maraîchère, et ensuite la grosse grise maraîchère.

On fait les semis pas trop épais, dans un terrain bien amendé, on éclaircit au besoin pour donner de l'air et pour que le plant ne s'étiole pas.

A partir d'octobre jusqu'au mois de mars on plante sur planches plates ; à partir de mars il faut établir des planches creuses pour pouvoir irriguer. Ces planches ont toujours 1 mètre 20 centimètre de largeur, et on met cinq rangs par planche et les plants à 25 ou 30 centimètres sur la ligne.

12

Épinards.

On fait des semis d'épinards échelonnés pendant tout le cours de l'année, afin d'en avoir de tendres en tout temps ; on sème sur planche plate pour l'hiver et creuse pour l'été, parce qu'alors il faut irriguer fréquemment. On trace dans chaque planche 6 à 7 rayons, dans lesquels on dispose la semence ; on recouvre légèrement et on met sur les rayons une couche légère de terreau fin, si c'est possible.

Oseille.

L'oseille est une plante vivace, que l'on multiplie principalement par éclats, en divisant les vieux pieds autant qu'il y a de bourgeons. La plus estimée est l'oseille large de Belleville. Pour peu qu'on arrose pendant l'été, on se procure de la feuille à faire cuire en tout temps, car ici, c'est principalement pendant les pluies qu'elle étale sa végétation. On bine de temps à autre et on répand, avant l'hiver, une couche de terreau sur la planche.

Pourpier doré.

Variété du pourpier ordinaire, qui croît dans tous les terrains cultivés pendant l'été. On sème le pourpier au mois de mai, en planche. On peut couper dessus dans le plus fort de la chaleur, et en faire des salades qui alors ont le grand mérite d'être fort rafraîchissantes.

§ V. Plantes a fruits comestibles.

Artichaut.

L'espèce la plus répandue dans les cultures européennes

est le violet hâtif. On a introduit récemment le gros vert de Laon, qui est préférable pour seconde saison ; les Arabes cultivent une variété qui ressemble beaucoup à celle-ci, qui a peut-être plus de parties mangeables, mais en diffère cependant par les piquants qui terminent les écailles du fruit ; c'est une excellente espèce à cultiver.

Les artichauts sont vivaces, rustiques et viennent presque, une fois plantés, sans nécessiter de soins. On peut établir des plantations pendant toute la saison des pluies. Il faut défoncer le sol à 60 centimètres de profondeur et y mettre beaucoup de fumier. On détache des œilletons des vielles souches, qui en produisent en abondance, on les plante à un mètre de distance en tous sens, avec un fort plantoir.

Les plantations peuvent durer 4 à 5 ans. Celles faites en automne, donnent des fruits l'été suivant, alors que la récolte est faite sur les vieilles plantations ; et celles faites au printemps, fructifient hâtivement l'année suivante avant les plantations de plusieurs années. Après la fructification, toutes les tiges meurent et il ne repousse de nouveaux jets qu'au retour des pluies. En arrosant au mois de juillet les vieilles plantations, on hâte la végétation, et la plante fructifie plus tôt. Il faut tenir la plantation propre et donner de fréquents binages, surtout aux nouvelles plantations.

Fèves.

On cultive la fève grosse de marais, celle de Windsor, celle dite julienne et enfin celle de Mahon, la plus grosse de toutes.

La fève de marais, que cultivent les Arabes et celle de Mahon sont les plus profitables.

On sème en octobre et novembre, par petits potets espacés de 40 à 50 centimètres en tous sens. Les fèves pouvant venir sans arrosement, sur un simple labour de charrue, et étant une semence nourrissante, on devra en faire des cultures assez étendues ; on peut y joindre la féverolle pour la nourriture des chevaux. Au delà du mois de janvier, les semis de fèves n'ont que peu de chances de réussite, même avec l'arrosement : elles sont toujours, pendant la chaleur, attaquées par le puceron qui les empêche de fructifier. On donne de temps en temps quelques binages.

Lorsque les gousses commencent à sécher, on arrache les fèves et on les dispose en javelles pendant quelques jours, après quoi on les bat au fléau, puis après les avoir vannées et nettoyées, on les serre dans des sacs ou dans des barriques.

Pois.

Les diverses variétés peuvent se cultiver comme récoltes d'hiver et de printemps, mais pendant l'été ils souffrent de la chaleur, sont attaqués du *meunier* et ne fructifient pas toujours, même avec des arrosages.

Les variétés les meilleures sont : les michaux divers, le clamart, le pois sans parchemin.

On sème en lignes espacées de 50 à 60 centimètres ; lorsque les plants ont 15 à 20 centimètres de hauteur, on donne un binage et on les chausse. Lorsqu'il y a 2 ou 3 fleurs ouvertes sur chaque tige, on pince l'extrémité de manière à ne laisser que 4 à 5 fleurs, afin d'égaliser la maturité. Si les pois sont plantés dans un terrain naturellement riche, et qu'ils prennent une grande vigueur, on leur met de petites rames pour les soutenir. Cette précaution est nécessaire dans tous les cas pour le pois clamart et le mange-tout.

On sème comme fourrage, et à la volée, le pois gris, à raison de deux litres par 100 mètres de superficie. On herse et on passe le rouleau. Dès que les premières cosses commencent à mûrir, on fauche ou l'on coupe à la faucille, on laisse en javelles pendant quelques jours, puis l'on transporte avec des toiles sur une aire pour battre au fléau.

Pois chiche ou garbanços.

Ce pois se sème comme le pois ordinaire, dans le courant d'octobre, on lui donne les mêmes soins. A l'état de légume sec, il est très-agréable et très-nourrissant; les Espagnols en font une consommation considérable. On cultive de même la gesse ou pois carré.

Lentilles.

La lentille doit se semer en octobre et novembre, dans les terrains les plus maigres, très-clair, et sur un labour peu profond. On donne plusieurs binages entre les lignes pendant la croissance. La récolte se fait lorsque les cosses sont jaunes; on les arrache et on les met par bottes pour les porter sur l'aire, où on les égrène à l'aide du fléau.

Haricots.

Ils se distinguent en haricots à rames et en haricots nains.

Parmi ceux à rames, le haricot de Prague, rouge, bicolor, jaspé, marbré, et le haricot Sophie, sont incontestablement les meilleurs à manger écossés, soit verts ou secs.

Parmi les nains, le haricot de Bagnolet, le plein de la Flèche, le ventre-de-biche, le nègre, le jaune du Canada, sont les plus avantageux en culture, les moins délicats, et ceux qui donnent les meilleurs produits à manger, soit en aiguilles ou écossés.

Les uns et les autres se sèment le plus communément en avril. Ils aiment une bonne terre, bien préparée et bien fumée; on fait des rayons avec la houe, distants de 50 centimètres; on laisse tomber dedans un grain tous les 15 centimètres; on recouvre avec la terre du sillon voisin. Lorsque les plants ont 10 centimètres de hauteur, on bine et on chausse, puis on donne des rames à ceux qui en ont besoin. On peut échelonner des semis pendant tout l'été, au moyen de l'irrigation ; ceux semés en septembre mûrissent encore très-bien ; ceux qui seront semés plus tard, ne seront plus que pour consommer en *vert* ou en *tendre*. On sème aussi pendant l'hiver, le long des bons abris, des haricots nains, surtout le nègre, pour primeur.

Les haricots à rames sont récoltés gousse par gousse, au fur et à mesure de la maturité ; mais on arrache toute la plante avec les nains; on lie par bottes pour les transporter sur l'aire à battre, où ils sont égrenés au fléau, puis vannés et rentrés au grenier.

Doliques.

Deux espèces sont principalement estimées pour la nourriture de l'homme, ce sont : le Dolique à onglet, ou *Mongette* des Provençaux, et celui à longues gousses, appelé vulgairement *haricot-asperge*. Même culture que pour les haricots.

Melons.

Les melons, comme toutes les plantes de la même famille,

viennent admirablement en Algérie. La culture en est très-simple ; dans un bon sol bien amendé, on forme, avec la houe, des billons plats, équidistants de 1 mètre ; on les dirige, autant que possible, du nord au sud. A la base du billon, il y a une rigole ménagée par où circule l'eau des irrigations, que l'on fait remonter jusqu'au pied de la plante, en mettant la houe un moment à travers le courant, de manière à le faire refluer. Fin avril, ou commencement mai, ou plus tôt si on est parfaitement abrité, on fait de petits potets sur le revers Est du billon, à 50 centimètres les uns des autres, et, dans chacun de ces potets, on dépose, à un travers et demi de doigt de profondeur, deux graines de melon bien pleines. On recouvre le potet avec une couche légère de fumier consommé ; et il convient même d'étendre cette couche à une certaine circonférence, s'il est possible, afin de conserver davantage l'humidité. On a soin d'entretenir la terre fraîche, en arrosant provisoirement chaque pied avec un arrosoir ou un sceau. Lorsque toutes les plantes sont levées et ont plusieurs feuilles, on n'en laisse qu'une à chaque potet, en supprimant la moins vigoureuse.

Lorsque les plantes conservées ont poussé quatre feuilles au-dessus des deux premières feuilles seminales, ou cotylédons, on coupe la tige au-dessus de la troisième feuille, sans compter les deux cotylédons. Il se développe trois branches de l'aisselle de ces trois feuilles, que l'on laisse développer jusqu'à ce qu'elles aient huit feuilles, alors on pince l'extrémité de la branche, au milieu de laquelle sortent les branches à fruit. Si dans l'aisselle des deux cotylédons il se développe des branches, on les supprime ; là se borne à peu près toute la taille du melon ici. Lorsque les fruits sont noués et assurés, on n'en conserve que deux à chaque pied. Pendant ce temps, il ne faut pas négliger les arrosages ; on irrigue de manière à ce que l'eau pénètre bien tout le billon, et que la terre ne devienne jamais sèche. Il est bon de tenir le fruit ombré autant que possible.

Les principales espèces à cultiver sont : les cantaloups, principalement le gros-prescott, celui de Cavaillon et le noir de Portugal, les melons de Honfleur et d'Espagne, à chair blanche. De ces derniers, on peut faire des semis échelonnés, de manière à faire des récoltes tardives qui se conservent pour l'hiver.

Dès que les cantaloups sont frappés, on s'empresse de les cueillir ; il ne faut les consommer que deux ou trois jours après avoir été récoltés, sans quoi ils sont fermes et croquants.

Concombres.

On cultive le blanc, que l'on mange en salade, cru ou cuit à la sauce blanche et frit ; et le vert que l'on cueille aussitôt défleuri, pour faire confire dans le vinaigre, sous le nom de cornichon. Ils se cultivent exactement de la même manière que les melons, moins la taille, qui n'est pas nécessaire.

Courges.

Les principales espèces sont : le potiron gros jaune, le vert d'Espagne, la courge de Valparaiso, la courge pleine de Naples et celle à la moëlle. Toutes se cultivent de la même manière et comme les melons ; seulement, on distance les billons à 2 mètres les uns des autres, et on place les plants à 1 mètre 50 centimètres les uns des autres sur ce billon. La taille consiste à supprimer quelques branches folles lorsque le fruit est arrêté, et à pincer toutes les autres. Dans les potirons, on laisse un ou deux fruits par pied ; dans les autres courges on ne supprime que les contrefaits.

Tomates.

On les sème à la fin de mars, ou plus tôt, si l'on veut, le long d'un bon abri, au plein soleil ; il suffit d'en semer un carré de 50 centimètres pour en avoir largement pour sa consommation. Lorsque les plants, qui ont dû être arrosés de temps en temps, ont 10 centimètres de hauteur, on les plante à demeure, à 50 centimètres en tous sens ; on les abrite avec des feuilles de chou ou des feuilles d'agave coupées par tronçons, si on en a sous la main. Quand les plantes ont 50 à 60 centimètres de hauteur, on leur pince l'extrémité des tiges et des rameaux ; puis on leur donne des tuteurs, afin qu'elles ne se renversent pas sur le sol.

Piment.

Les vertus toniques du piment font que l'on doit en cultiver quelques pieds dans son jardin. Le fruit sert à relever la saveur des aliments. Il est à remarquer que la saveur piquante des piments va en raison inverse de leur grosseur ; ainsi les plus petites variétés sont les plus fortes, tandis que les plus grosses sont les plus douces.

On sème et on soigne les piments comme les tomates, excepté la taille, dont ils n'ont pas besoin.

§ VI. Plantes pour assaisonnement.

Cerfeuil.

On sème le cerfeuil presque toute l'année, soit à la volée, soit en rayons.

Cresson alenois.

De même que le cerfeuil, on peut en obtenir toute l'année, au moyen de semis successifs. C'est une des plantes qui croissent le plus vite.

Persil.

On sème fin août et fin janvier ; au moyen de ces deux semis, on peut avoir du persil toute l'année.

Pimprenelle.

Plante vivace, qui ne s'emploie guère que comme fourniture de salade. On la sème en rayons en janvier et février. Cette herbe fait un excellent aliment pour les lapins.

De tous les légumes qui viennent d'être passés en revue, on aura soin de marquer quelques-uns des plus beaux et des plus francs de chaque espèce ou variété, pour produire de la graine. Il faut qu'une fois nanti des espèces, chacun récolte ses graines lui-même ; et, en conservant toujours les plus beaux sujets, c'est le moyen de conserver les races pures et d'obtenir de beaux produits. Il est surtout très-important que les variétés d'une même espèce, ou les espèces d'un même genre, soient toujours à une certaine distance les unes des autres, autrement, au moment de la floraison, il résulterait du mélange des pollens, un abâtardissement déplorable.

A. HARDY,
Directeur de la Pépinière centrale du Gouvernement.

CULTURES INDUSTRIELLES.

CULTURE DU TABAC.

Le tabac est une plante commerciale.

On nomme *plantes commerciales*, *industrielles*, celles dont les produits ne servent pas à l'alimention de l'homme et des animaux, mais sont employées dans les arts et les manufactures.

En Algérie, de toutes les plantes commerciales, le tabac est assurément une de celles qui, dès à présent, procurent plus de benéfice aux colons éclairés et intelligents.

La culture de cette plante se divise en trois périodes :

1° Le semis ;

2° La transplantation ou repiquage, y compris les soins de culture jusqu'à la récolte ;

3° La récolte et la dessication.

Le semis de tabac doit se faire dans un lieu exposé au midi ou au sud-est, abrité des vents de nord ouest par un mur, une haie vive ou sèche.

La terre qu'il convient de choisir doit être plutôt légère que forte, et les engrais doivent être bien consommés et pas trop abondans.

SEMIS.

Dès le mois d'octobre, il faut ameublir le plus possible le sol, à l'aide de plusieurs labours à la bêche, jusqu'à ce que les mottes soient exactement détruites et que le mélange du fumier soit bien complet.

Au commencement de novembre, au plus tard, on disposera cette terre en une plate-bande d'un mètre de largeur ; elle sera recouverte d'une couche de 4 cenitmètres de terreau, puis on la laissera se tasser naturellement pendant 4 ou 5 jours avant de lui confier la semence.

Pour répartir également la graine sur toute la surface, voici le moyen le plus utile, pour chaque mètre courant de semis, on mêle le contenu d'un dé à coudre de graine de tabac, avec un quart de litre de poussière bien séchée, de cendres ou de sable, et l'on répand ce mélange à la main, de la manière la plus uniforme possible, en évitant de le jeter de trop haut, afin que le vent n'emporte pas la semence. Après cette opération, ou passe légèrement sur toute la surface de la couche, les dents d'un rateau en fer, de manière à ne creuser des rayons que d'un centimètre de profondeur, et puis, pour maintenir la graine en terre, on la tasse avec le plat d'une bêche dans toute son étendue.

Le semis ainsi fait, il faut attendre la germination, qui a lieu au bout de 25 à 30 jours, mais qui cependant sera d'autant plus prompte, que l'exposition du semis aura été mieux choisie, et que le cultivateur prendra plus de précautions pour le préserver des pluies surabondantes. Il sera donc très-convenable d'établir au-dessus du semis et dans toute sa longueur, un léger treillis de gaulettes ou de roseaux, formant une toiture à angle très-ouvert, et sur lequel on posera des paillassons pendant les mauvais jours.

De cette manière, on maintiendra la terre à une température assez élevée pour que la végétation ne soit pas interrompue, et l'on pourra obtenir des plants suffisamment développés pour effectuer le repiquage du 15 février au 15 mars, époque la plus favorable à la plantation. Il sera indispensable de sarcler souvent et avec soin, car il y a nécessité absolue de débarrasser les jeunes plants de tout ce qui peut leur faire ombrage et les empêcher de jouir pleinement de l'action du soleil. Chaque sarclage sera fait à la main, et précédé d'un premier arrosage, qui facilitera l'enlèvement des herbes ; il devra être suivi d'un second, pour retasser la terre que ce travail aurait pu soulever.

Ce n'est pas seulement avant et après le sarclage que le semis doit être arrosé, il le sera encore quand on s'apercevra que la terre se dessèche, mais toujours avec modération, sous peine d'avoir des tiges étiolées et sans consistance ; la quantité d'eau à répandre devra être en proportion de la chaleur du jour. On pratique cette opération vers le soir d'une belle journée, parce que si l'on arrosait le matin, ou dans le milieu du jour, le soleil détruirait presque aussitôt les effets de l'arrosage et le semis n'y gagnerait

Il sera bon de ne jamais arroser avec de l'eau trop fraîche, parce que le froid est nuisible au jeune plant : en conséquence, il faudrait avoir à sa portée un réservoir, dans lequel l'eau aurait le temps de perdre sa crudité. La précaution de jeter dans ce réservoir quelques engrais actifs, tels que le crottin de cheval ou la fiente de pigeon, produit toujours de bons résultats, surtout quand les plantes sont déjà levées et qu'il ne s'agit plus que d'en activer la végétation.

Quand les tabacs auront acquis un certain développement, c'est-à-dire au moment où ils auront 4 ou 6 feuilles, il faudra éclaircir le semis sur tous les points où l'on verra que les plants sont trop pressés, de manière à ce que chacun ait au moins un espace de 2 centimètres carrés. Pour ne pas perdre ces plants, il faudrait avoir préparé d'avance une couche semblable à celle du semis, sur laquelle on les repiquerait en pépinière. Avec un peu de soins, c'est-à-dire en arrosant légèrement ces plantes et en les tenant abritées du soleil et du vent pendant quelques jours, on en assurera la reprise, et l'on aura par ce moyen doublé ses ressources.

Quand on veut faire une plantation un peu considérable, il est convenable de faire des semis à deux ou trois époques différentes, séparées entre elles par 8 ou 10 jours d'intervalle, parce que la venue par trop simultanée de tout un semis étendu, pourrait gêner le cultivateur à l'époque du repiquage.

Il importe en outre de ne pas perdre de vue qu'une couche de semis ne peut pas produire plus de 1000 à 1500 plants par mètre carré, de sorte que pour un hectare il faut indispensablement avoir un semis qui présente une surface de 25 à 30 mètres carrés.

Ajoutons que la graine destinée au semis doit être bien mûre et provenir de la dernière récolte, ou au moins de l'avant-dernière.

TRANSPLANTATION. — CHOIX ET PRÉPARATION DE LA TERRE.

Le terrain de la plantation doit être choisi parmi les meilleurs de l'exploitation : il faut que la couche végétale du fonds soit profonde, et ne repose pas sur un sous-sol de roche ou d'argile, qui ne permettrait pas aux racines des tabacs de s'enfoncer assez avant dans la terre pour y chercher la fraîcheur et la nourriture. Les terrains riches en humus, situés en plaine ou sur la pente douce des coteaux abrités des vents du sud-est, les sols substantiels, mais légèrement sablonneux ou caillouteux, qui s'ameublissent aisément, sont ici, comme partout, ceux qui méritent la préférence. Les terrains d'alluvion, que l'on trouve au fond de presque toutes les vallées, sont aussi de fort bonne nature, et l'on peut les adopter sans crainte, pourvu qu'ils ne soient pas trop humides, c'est-à-dire pourvu que les eaux y trouvent un écoulement facile et n'y séjournent pas. Il faut aussi se défier des terres nouvellement défrichées, quelque bonnes qu'elles puissent être par leur nature et leur exposition, et ne jamais y planter de tabac dès la première année.

En indiquant que le tabac est une plante à racine pivotante et à chevelu très-abondant, nous faisons suffisamment comprendre que la terre qui lui convient est celle que l'on choisit pour toutes les cultures les plus avides de sucs nutritifs. Cela nous conduit à recommander aux colons qui voudront se livrer à la culture du tabac de se tenir en garde contre les conseils irréfléchis de ceux qui pensent que la fécondité de la terre d'Afrique n'a pas besoin d'être stimulée et soutenue par l'emploi des engrais. Pour la culture spéciale qui nous occupe, nous pouvons leur garantir que jamais ils n'obtiendront, sans fumiers que des tabacs plus ou moins développés, suivant le degré de fraîcheur et d'ameublissement du terrain ; mais le feuillage flasque et mou sera totalement dépourvu de la consistance, de l'arôme et de l'élasticité, qui constituent les qualités les plus précieuses de cette plante.

Dès les premières pluies d'automne, il faudra donner un premier labour à la terre destinée à la plantation, et la défoncer fortement, de manière à ramener à la surface la couche inférieure, qui sera fertilisée par les pluies de l'hiver. Aussitôt que les mottes seront divisées, et que les semences des mauvaises herbes contenues dans le sol auront germé, c'est-à-dire vers le mois de janvier, un deuxième labour deviendra nécessaire pour détruire ces germes et exposer à l'action de l'air les portions de terrain qui n'auraient pas encore subi les influences atmosphériques ; et enfin, quelques jours avant la plantation, un troisième labour complètera l'ameublissement du sol.

Quant à l'époque de répandre les engrais dans les champs, elle dépend tout à la fois, et de la nourriture de ces engrais et de la nature du sol. Si la terre est compacte et difficile à diviser, il convient que le fumier soit répandu au premier labour, et, dans ce cas, son effet sera d'autant plus utile, qu'il sera plus entier et pailleux, parce que, mélangé avec la terre, il la tiendra soulevée et facilitera par là sa division. Si la terre est moins tenace et les engrais plus consommés, il est indifférent de les répandre au premier ou au deuxième labour ; mais si la terre était sablonneuse, il serait indispensable que les engrais employés fussent consommés et presque en terreau, sans cela, ils auraient pour effet de rendre cette terre brûlante ; il faudrait, dans ce cas, les répandre immédiatement avant le troisième labour.

REPIQUAGE ET SOINS DE CULTURE.

Les détails dans lesquels nous allons entrer paraîtront peut-être minutieux, mais nous les recommandons aux colons comme absolument indispensables. La culture du tabac est une des plus riches, mais elle exige des soins assidus, et l'on s'exposerait à des mécomptes certains si l'on négligeait quelques-unes des précautions que nous allons indiquer.

ÉPOQUE DU REPIQUAGE.

On ne peut indiquer d'une manière précise l'époque de la transplantation; elle est naturellement subordonnée à la venue lente ou rapide du plant; mais si l'on a suivi les conseils donnés au sujet de la culture du semis, nous tenons pour certain qu'elle arrivera du 15 février au 15 mars. A ce moment, et lorsque les jeunes plants commencent à prendre huit feuilles, il faudra niveler la terre de la plantation à la herse et la rendre parfaitement plane; si elle est d'une nature légère, il conviendra même de la tasser, à l'aide d'un rouleau: ce sera le moyen de la rendre moins perméable à l'action de la chaleur.

Après cette opération préalable, on arrosera abondamment le semis, pour faciliter l'arrachement des plants, que l'on s'appliquera à enlever de la couche, avec une partie de la terre qui les a nourris; on les dispose avec précaution dans une corbeille, la racine en bas, et on les transporte sur le champ qui doit les recevoir.

Le repiquage s'opère de la manière suivante : on tend un cordeau perpendiculairement à la plus grande largeur du champ, et tout le long de ce cordeau, à la distance régulière de 35 centimètres, on piquera les plants, à l'aide d'un piquet pointu, en ayant soin de les enterrer exactement jusqu'au collet, et de veiller à ce que la terre, en tombant dans la cavité formée par le piquet, ne laisse pas d'espace vide dans l'intérieur. On arrosera immédiatement à côté de la plante repiquée, avec un demi-litre d'eau environ, et l'on recouvrira de suite avec une poignée d'herbes fraîches, pour garantir le sujet d'un soleil trop ardent.

Après cette première rangée, on transportera le cordeau à une distance de 60 centimètres, et l'on continuera le repiquage avec les mêmes précautions, en ayant soin de placer chaque plante de la ligne nouvelle en regard des espaces vides laissés entre les plantes de la première rangée, de manière à former le quinconque.

La troisième rangée sera portée à 80 centimètres de la deuxième et la quatrième à 60 centimètres de la troisième seulement, et ainsi de suite, de telle sorte que la plantation entière se composera de zones ou planches de 60 centimètres de largeur, espacées entre elles par un intervalle de 80 centimètres.

Nous avons dit que les rangées doivent être faites dans un sens perpendiculaire à la plus grande largeur du champ, et nous avons eu pour but de faciliter la circulation des ouvriers dans l'intérieur de la plantation, lorsque les tabacs auront acquis un certain développement, et d'éviter que l'on ne soit exposé, pour y pénétrer ou pour en sortir, à traverser ces lignes, au risque de briser un grand nombre de feuilles, ou bien de faire un trop grand parcours, dans le cas où la plantation serait faite dans la direction de la plus grande longeur.

Nous aurions pu nous borner aussi à dire que les plantes doivent être espacées de 55 à 60 centimètres en tous sens ;

or, les feuilles de tabac devant acquérir dans une bonne terre une longueur moyenne de 60 à 70 centimètres, il est facile de comprendre qu'il deviendrait promptement impossible de pénétrer dans une plantation ainsi faite, et de lui donner les soins nombreux qu'il nous reste encore à décrire. Nous avons préféré indiquer un moyen pratique, qui ménage pour la circulation un espace de 80 centimètres, et qui d'ailleurs est toujours indispensable pour l'introduction de l'air, de la lumière et du soleil, sans lesquels la maturité deviendrait impossible. Il faut enfoncer la plante jusqu'au collet, parce que, si on laissait flotter à la surface du sol la tige encore trop tendre de cette plante, le soleil ou le vent l'auraient promptement desséchée ; c'est pour éviter cet inconvénient que nous avons recommandé de combler exactement le trou formé par le plantoir et de serrer la terre contre la tige.

Enfin, nous avons indiqué d'arroser à côté de la plante, parce que dans presque toutes les terres, cet arrosage pourrait avoir pour effet de former une croûte dure qui viendrait étrangler le sujet : accident que le planteur ne pourrait prévenir qu'en se livrant à des arrosages trop multipliés, ou bien encore à une opération plus dispendieuse ayant pour but de détruire cette croûte qui s'opposerait à toute espèce de végétation.

Nous n'avons pas besoin de prévenir les colons que la reprise de toutes les plantes ne sera pas assurée, même par toutes ces précautions ; les insectes d'ailleurs pourront en détruire un nombre plus ou moins considérable dans les premiers jours du repiquage ; mais nous devons insister auprès d'eux, pour qu'ils n'apportent pas la moindre négligence dans les remplacemens, car la venue de celles qui reprendront sera si rapide, qu'elle s'opposerait ensuite au

développement des remplacements trop tardifs, qui seraient
étouffés par elles.

SARCLAGE.

Aussitôt que les premières chaleurs du printemps se feront sentir, l'opération du sarclage deviendra indispensable pour la destruction des herbes adventices ; je ne pense
pas qu'il soit possible de la faire autrement qu'à la main,
à l'aide d'une bêche ou d'une ratissoire, pour extirper les
plantes parasites et ameublir en même temps la surface du
sol, qui deviendra d'autant plus fécond qu'il sera perméable à l'air, aux pluies et aux rosées.

BUTTAGE.

Plus tard, lorsque les plantes de tabac fortement enraci-
nées entreront en pleine végétation, et que les tiges commenceront à s'élever de 15 à 20 centimètres, il deviendra
nécessaire de biner et de rechausser les tabacs, en formant, tout le long des lignes, un billon de terre qui les
recouvre jusqu'à la moitié au moins de leur hauteur. Cette
opération se fait sans beaucoup de frais à la houe, et l'on
ne doit pas craindre de sacrifier en ce moment les feuilles
les plus basses, qui n'ont aucune valeur, et dont l'enfouissement procure l'avantage d'entretenir la terre fraîche. Si
l'on a le bonheur d'opérer ce buttage quelques jours avant
les dernières pluies, on peut être certain de faire une récolte abondante.

IRRIGATION.

Ce sera sans doute un précieux avantage pour les colons

que de pouvoir arroser leur plantations de tabac, mais il ne faut pas s'exagérer l'utilité d'une telle ressource dont on a jusqu'à ce jour abusé, au grand détriment de la qualité des produits. Lorsque l'on force, par des irrigations trop abondantes, la végétation des plantes, on obtient des feuilles d'un développement énorme, mais ces feuilles sont mal nourries, la sève qu'elles contiennent n'a aucune consistance, elle s'évapore entièrement à la dessication et ne produit point cette huile essentielle, cette substance légèrement résineuse qui assure aux tabacs l'élasticité, l'arôme et la souplesse sans lesquelles ils deviennent impropres à toute fabrication. Il ne reste plus, pour ainsi dire, de cette végétation luxuriante que des parties ligneuses, raides et cassantes qui n'ont aucune valeur appréciable.

Nous féliciterons donc les colons qui possèdent des terres irrigables de la position heureuse dans laquelle ils se trouvent, et qui permet à leur culture de tabac de braver, en quelque sorte, les brûlantes chaleurs de l'été, alors même que leurs plantations auraient été plus tardives qne celles de leurs voisins; mais, nous leur recommanderons de n'en user qu'avec prudence et ménagement, de ne donner à la la terre, en un mot, que juste l'humidité que l'on désirerait qu'elle reçût du ciel pour prévenir les désastres de la sécheresse, et de ne pas oublier surtout que cette humidité devient tout-à-fait nuisible, de même que la pluie serait un véritable danger à l'époque où la sève des plantes s'élabore pour produire la maturité.

Par ce que nous venons de dire, on conçoit que nous n'approuvons pas le système qui consiste à faire passer la rigole d'irrigation sur la racine même des plantes; il suffit que l'eau destinée à les rafraîchir parvienne jusqu'à elles par infiltration : par conséquent, nous ne changerons pas, pour les plantations arrosées, le mode de repiquage que nous avons indiqué déjà, et nous conseillerons aux planteurs de faire passer les eaux par le petit canal qui se trouvera naturellement pratiqué après le buttage, entre les deux rangées qui forment les planches dans le plus petit intervalle laissé entre les lignes, celui de 60 centimètres.

ÉCIMAGE.

Quelque temps après que les plantes auront été rechaussées, elle seront dans toute la plénitude de leur force, et ce sera le moment de régler par l'écimage, le nombre de feuilles qu'il est convenable de leur faire produire. Cette production devra être proportionnée à la vigueur apparente de chaque tige, et le planteur devra se proposer, dans cette opération, d'obtenir des feuilles fines et soyeuses qui sont celles dont la dessication est la plus facile, et qui réunissent d'ailleurs les qualités les plus recherchées pour la fabrication des cigares et des tabacs à fumer. Pour obtenir ce résultat, il sera nécessaire de laisser croître autant de feuilles que la tige paraîtra pouvoir en nourrir; mais il ne faut pas non plus exagérer l'application de ce principe et surcharger démesurément les plantes, parce qu'on s'exposerait à ne produire que des tabacs maigres et sans nature, qui n'auraient ni qualité ni poids. C'est ordinairement de 15 à 20 bonnes feuilles que l'on peut espérer d'une plante de belle venue; celles d'une moindre apparence pourront en fournir de 10 à 15, et les plus chétives seront encore susceptibles de donner un bon produit si l'on a la précaution de ne point les surcharger.

On procède à cet écimage en supprimant la sommité des tiges, aussitôt que l'on peut reconnaître et compter le nombre de feuilles que l'on veut conserver. Il n'est pas nécessaire d'attendre pour cela que le bouton de fleur apparaisse, encore moins qu'il soit développé ; si l'on différait l'opération jusqu'à cette époque, c'est-à-dire si on laissait la plante s'élever à toute sa hauteur, pour en retrancher ensuite toute la partie superflue, on conçoit que l'on aurait laissé perdre, à produire une longue tige inutile, une quantité considérable de sève qui sera mieux employée à nourrir les feuilles qui constituent réellement la récolte. Il arrive d'ailleurs, lorsque l'écimage est trop long-temps différé, que les feuilles supérieures qui devraient être les plus belles, de même qu'elles sont toujours les meilleures, ne peuvent se développer et grandir, et qu'elles restent étiolées et maigres, en outre qu'elles parviennent péniblement à la maturité, parce que la plante est déjà épuisée.

L'écimage étant fait, ainsi que nous l'avons dit, à l'époque où la plante est dans toute la plénitude de sa force, on doit s'attendre à ce que, peu de jours après cette opération, des jets vigoureux pousseront à l'aiselle de chaque feuille, et menaceront d'absorber toute sa sève, comme ils l'absorberaient, en effet, si le planteur ne s'empressait de les enlever le plus tôt possible, et au plus tard lorsqu'ils seront acquis une longueur de 10 à 12 centimètres. C'est un travail minutieux, mais nous le recommandons avec instance, parce que si l'on négligeait de le faire chaque fois que le besoin s'en fait sentir, tout le fruit des travaux antérieurs serait perdu ; la récolte n'aurait plus aucune valeur. Nous avons déjà vu quelques cultivateurs qui ont appris à leurs dépens combien est funeste la négligence apportée dans cette opération dont ils avaient cru qu'on leur exagérait l'importance ; c'est pourquoi nous les adjurons tous ici de ne pas se faire d'illusions et de ne pas croire qu'il soit possible de faire, en Afrique, la culture du tabac avec moins de précautions et de soins que partout ailleurs ; ce serait une déplorable erreur que l'expérience viendrait bientôt dissiper, mais dont le résultat pourrait causer la ruine ou le découragement des colons.

Nous le répèterons donc avec instance, la culture du tabac n'est pas difficile ; une année d'essai suffira seule pour instruire sur ce point les cultivateurs beaucoup mieux que toutes nos instructions écrites ou verbales ; mais chacun a déjà pu ou pourra se rendre compte qu'elle est excessivement exigeante de soins. Tous ceux que nous avons signalés jusqu'ici, tous ceux qui nous restent à signaler encore, quelque minutieux et circonstanciés qu'ils puissent paraître, sont indispensables, et l'on n'est pas libre de n'en appliquer qu'une partie.

MATURITÉ.

Nous sommes arrivés à cette phase de la culture du tabac pour laquelle le climat d'Afrique est vraiment admirable ; ici, la maturité est toujours complète, même pour les plantations les plus tardives, lorsque la sécheresse ne les a pas fait avorter. C'est un avantage que l'on n'a pas en France où les pluies d'automne sont froides et précoces, où les gelées viennent souvent atteindre les récoltes dès le mois de septembre.

On reconnaît la maturité des tabacs à des signes certains qu'il suffit d'avoir remarqués une fois pour être parfaitement fixé à cet égard, mais que nous allons nous efforcer de décrire.

Les feuilles, qui pendant tout le temps de la végétation étaient lisses, planes, transparentes, flexibles, d'un vert

clair et affectaient une position horizontale, se gonflent de
petites boursouflures, deviennent plus épaisses et opaques,
leurs pétioles sont cassantes, la couleur se rembrunit et se
macule de petites taches jaunâtres, elles inclinent en para-
sol leurs pointes vers la terre, et se couvrent d'une visco-
sité très-odorante lorsque le soleil les frappe.

RÉCOLTE.

Quand les tabacs sont parvenus à ce point, l'époque de
la récolte est arrivée, et voici comment il convient d'y procéder pour économiser le plus possible les frais de main-
d'œuvre.

Lorsque la chaleur du jour commence à décroître, et
vers les 3 ou 5 heures de l'après-midi, après avoir exactement enlevé tous les bourgeons qui peuvent encore exis-
ter à l'aisselle des feuilles, on coupera ras de terre, avec
une faucille, les plantes que l'on veut récolter, et on les
laissera se flétrir naturellement sur place, jusques vers le
soir ; à ce moment, et lorsque les feuilles seront devenues
parfaitement flexibles, on les transportera avec précaution,
sur des civières, jusques au lieu qui doit leur servir de
séchoir. On les déposera soigneusement sur un lit de paille
par petits tas formés de 5 ou 6 tiges au plus; dès le lendemain ou le surlendemain au plus tard, elles seront suspendues, pour éviter toute espèce de fermentation dont l'effet
serait de rendre les feuilles brunes, d'absorber leur gomme,
et de leur enlever leur souplesse naturelle.

Dans quelques pays à culture de France, et particulièrement dans les départemens du Nord, il est d'usage de faire
subir aux tabacs après la récolte, une légère fermentation ;
mais cette opération, qui exige des soins très-attentifs

pour éviter les inconvéniens que nous venons de signaler,
n'a d'autre but que de donner aux plantes une maturité
factice, et d'en assurer la coloration. En Afrique, il est
parfaitement inutile de recourir à de pareils expédiens ; la
maturité peut toujours être parfaite, et mieux vaudrait,
puisqu'il est si facile de l'obtenir, différer la récolte de
quelques jours que de se créer, par une cueillette anticipée,
des embarras sans nombre et des dangers fort sérieux.
Nous insistons donc pour que les plantes soient immédiatement suspendues et mises en dessication.

DESSICATION.

La beauté de notre climat d'Afrique nous affranchit encore
d'une dépense énorme à laquelle sont généralement soumis
tous nos cultivateurs de France qui, pour garantir leurs
récoltes des influences pernicieuses des pluies et des brouillards, sont obligés d'élever à grands frais des constructions
spéciales pour la dessication des tabacs. Grâces à la limpidité constante de l'air en Algérie, grâces à l'action bienfai-
sante d'un soleil que pas un nuage ne vient obscurcir avant
le mois d'octobre, tout ici peut servir de séchoir : un
arbre un peu touffu, une tonnelle en berceau, la galerie
d'une maison mauresque, les hangars des fermes, les toi-
tures des maisons peuvent être indifféremment adaptés à
cet usage. Dans le cas d'insuffisance de tous ces moyens
qui s'offrent naturellement partout et sans frais, un simple
gaulis soutenu par des pieux assez forts et recouvert de
quelques broussailles rendra toujours les mêmes services.

Nous devons cependant faire observer qu'il est indispensable que l'air circule toujours avec une grande liberté
dans tous les lieux qui seront choisis pour la dessication

et que la lumière y pénètre avec abondance ; le soleil lui-même, malgré son ardeur, ne doit pas être considéré comme un obstacle, et les tabacs qui seront séchés sous son action directe, seront toujours ceux dont la couleur sera la plus riche, et l'odeur la plus douce et la plus pénétrante.

Quand on aura choisi, selon les circonstances et les localités, le lieu destiné à servir de séchoir, on y placera des ficelles espacées entr'elles le plus régulièrement possible de 35 à 40 centimètres en tous sens ; on les laissera pendre naturellement jusqu'à terre, et c'est le long de ces ficelles que les plantes seront fixées par une demi-clé formée sur le gros bout de la tige, en ayant soin de les étager de manière à ce qu'elles ne forment pas, en se superposant, une masse trop compacte.

Au moyen de ce système si simple et si peu dispendieux, on n'a pas d'autres soins à donner à la dessication que de dégarnir les tiges de leurs feuilles au fur et à mesure qu'elles seront parfaitement sèches, ce qui n'a lieu que lorsque la côte est devenue ligneuse et résiste à la pression de l'ongle. Pour procéder à cette opération, on dépend le matin, et pendant que les feuilles sont encore assouplies par les rosées de la nuit, toutes les plantes dont la dessication est achevée, on en forme des tas assez volumineux pour que la chaleur du jour ne puisse les saisir et les rendre de nouveau friables, et l'on fait immédiatement le triage par qualités.

A ce sujet, nous devons faire observer aux colons que, pour travailler avec méthode, ils doivent considérer comme les meilleures feuilles celles qui occupent le haut de la tige ; celles du milieu sont de qualité moindre, et celles du bas sont toujours les plus défectueuses. Il est donc convenable de commencer par cette séparation préparatoire après

laquelle on assemble les feuilles de chaque classe, en ayant
soin d'assortir les longueurs et les nuances de manière à
donner à chaque manoque ou poignée un aspect plus
régulier. C'est encore ici une recommandation qui a une plus
haute portée qu'on ne le pense généralement, car beaucoup
de planteurs l'ont négligée jusqu'à ce jour, et, sans compter la difficulté qui en résulte pour l'acheteur qui ne peut
qu'avec beaucoup de peine apprécier la valeur d'une marchandise qui présente sous un même volume des qualités
diverses, chacun doit comprendre aussi que ces mélanges
déparent les récoltes et les déprécient considérablement.

BOTTELAGE.

Pour éviter les frais de main-d'œuvre et les débris ou
déchets de manutention qu'il n'est pas moins essentiel de
prévenir, nous conseillerons aux colons de botteler leurs
tabacs immédiatement après le triage. En ayant soin de ne
donner aux bottes qu'un faible volume, et de veiller à ce
que leur poids n'excède pas 20 à 25 kilogrammes, elles
seront toujours suffisamment maniables pour qu'on puisse
les retourner fréquemment, afin d'éviter que la fermentation ne s'établisse dans les tas. C'est, en effet, un danger
fort grave qu'il est de toute nécessité de conjurer. Pour y
parvenir, la première précaution à prendre c'est de ne
jamais botteler des tabacs qui ne sont pas parfaitement
secs, et surtout de bien se garder de les soumettre à une
humectation quelconque. Des tabacs mal séchés perdraient
inévitablement dans les bottes ou dans les piles leur belle
couleur et la finesse de leur arôme ; mais il arriverait pis
encore si, dans le but d'en augmenter le poids ou de leur
donner une souplesse factice, on avait recours à des moyens
frauduleux. La prompte décomposition du feuillage serait

la conséquence inévitable d'une manœuvre aussi maladroite qui n'est malheureusement que trop souvent pratiquée. Nous avons bien souvent usé d'indulgence envers des planteurs inexpérimentés que nous avons pu croire de bonne foi, mais un fait de ce genre est tellement grave que nous serons forcé, à l'avenir, de tenir exactement la main à réprimer cet abus, s'il se présente, en refusant d'acheter, pour le compte de l'État, toutes les récoltes qui en auront été l'objet.

Quelque longue et circonstanciée que soit cette notice, nous savons que nous sommes encore bien loin d'avoir prévu tous les cas qui peuvent se présenter à l'exécution, d'avoir levé toutes les difficultés qui pourront arrêter ou embarrasser les planteurs dans un premier essai ; nous savons bien que ce n'est point avec un livre que l'on peut enseigner une culture quelconque et encore moins une culture qui a une spécialité aussi tranchée que celle des tabacs, mais les colons nous trouveront toujours prêt à joindre la pratique à la théorie, et chaque fois que notre présence sera jugée utile sur une plantation ou dans les séchoirs, nous nous ferons un plaisir et un devoir de nous y transporter. C'est en effet le but essentiel de la mission que M. le Ministre de la guerre nous a confiée et à laquelle nous sommes entièrement dévoué.

DURANTON,
Chef de la Mission des Tabacs en Algérie,

CULTURE DU COTON.

§ Ier. — CONSIDÉRATIONS PRÉLIMINAIRES.

La production du coton est appelée à prendre une place importante parmi les cultures industrielles que l'Algérie comporte. Le climat et le sol sont favorables à ce produit, et, par les soins judicieux des colons, il sera accueilli avec empressement par notre industrie manufacturière, obligée de s'alimenter complètement sur les marchés étrangers.

Afin d'éviter les embarras et les pertes de temps qui naissent toujours de la difficulté d'écouler les premiers produits, l'État prend lui-même le soin d'assurer le placement des cotons récoltés par les colons, et de servir ainsi d'intermédiaire entre le producteur de la matière première et le manufacturier.

La production du coton, en Algérie, est donc une entreprise toute nationale, qui débute sous les plus heureux auspices. D'une part, un climat et un sol propices ; de l'autre, des débouchés immenses et à jamais assurés sur nos propres marchés, et, par-dessus tout cela, l'intervention tutélaire de l'État, la plus vraie, la plus efficace que l'on puisse invoquer.

Toutefois, les colons feront bien de se garder de l'entraînement, souvent irréfléchi, qu'amènent presque toujours infailliblement les choses nouvelles, et qui finit presque toujours par des déceptions et des retours fâcheux.

Les circonstances actuelles ne permettent plus ces grandes exploitations spéciales, d'un seul genre de culture, qui ont fait la fortune passagère des colonies tropicales ; l'exploitation agricole, en Algérie, doit s'établir sur d'autres bases.

Le rôle du colon algérien est bien moins de commercer que de créer, par son travail, toutes ses ressources alimentaires sur le sol même où il s'est établi. Il commettrait une grave erreur s'il négligeait, tant soit peu, la culture des céréales, des tubercules, l'élève du bétail, pour s'adonner exclusivement à la production du coton.

On ne saurait concevoir de prospérité, si l'exploitation agricole n'est bâsée sur des assolements judicieux et réguliers, sur l'emploi des engrais, pour réparer l'épuisement du sol, et enfin, si les cultures diverses qui en font partie ne sont coordonnées et ne se succèdent de manière à équilibrer le travail pendant tout le cours de l'année et à employer le même nombre de bras pendant toutes les saisons et à tous les instants.

La culture du cotonnier, comme toutes les cultures industrielles d'ailleurs, devra donc faire partie de l'exploitation agricole, mais ne pourra, en aucun cas, constituer une exploitation agricole spéciale, qui ne saurait satisfaire à l'économie bien entendue du travail, et demeurerait conséquemment sans profit.

Il y a encore un écueil que les colons doivent éviter avec le plus grand soin, c'est de ne pas entreprendre plus que leurs propres forces ne leur permettent ; de ne pas entreprendre la culture de cent hectares, si leurs moyens ne sont suffisants que pour vingt-cinq. Les non-réussites de la plupart des exploitations agricoles doivent être portées au compte de ce manque de discernement, qui a englouti bien des avoirs. Cette recommandation doit surtout être prise en très-sérieuse considération pour ce qui concerne des cultures tout-à-fait nouvelles dans le pays, et dans lesquelles il convient de ne s'engager qu'avec une extrême prudence, jusqu'à ce qu'elles soient devenues tout-à-fait familières. Ainsi, pour le début, la culture d'un quart d'hectare en cotonnier, paraît être la proportion la plus grande qu'un cultivateur puisse entreprendre à titre d'essai. Un peu plus tard, lorsque les expériences seront faites, que chacun aura pu compléter son instruction agricole par la pratique et l'observation personnelle, on pourra sans danger augmenter la culture du coton, dans la proportion raisonnée de l'importance de son exploitation.

§ II. — DESCRIPTION DU COTONNIER.

Le cotonnier appartient à la famille des mauves. Ses racines sont pivotantes et s'enfoncent profondément dans le sol comme celles de ses congénères. Il est originaire de toute la région tropicale. Ses espèces et ses variétés sont nombreuses ; les unes s'élèvent beaucoup et prennent les dimensions d'un arbre ; les autres s'élèvent peu et restent à l'état de modeste arbrisseau. On donne aux premières le nom de cotonnier arbre, et aux secondes celui de cotonnier herbacé. Il y en a dont le coton est court, avec la graine verte et feutrée ; d'autres ont la soie longue avec la graine noire et lisse.

Le cotonnier dit herbacé, à soie longue et à graine noire et lisse, est celui qui convient le mieux pour l'Algérie ; c'est dans cette race que se trouvent le coton jumel d'Égypte et le Géorgie à longue soie, connu encore sous le nom de *sea Island*, et qui sont très-recherchés sur les marchés. Le cotonnier en arbre est lent à donner ses produits, et ne peut donner aucun résultat en Algérie, à cause de l'abaissement de la température pendant l'hiver ; on renonce d'ailleurs généralement à le cultiver dans les localités où il prend tout son développement, pour le remplacer par les espèces ou variétés herbacées. Les cotons à courte soie sont très-difficiles à égrener par petites portions chez le colon ; on ne pourrait le faire qu'à l'aide de grandes machines, compliquées et dispendieuses, qui ne peuvent convenir qu'à de vastes exploitations ; les prix de ces cotons courte soie sont relativement si minimes, qu'ils ne paîraient pas les frais individuels des cultivateurs.

§ III. — CHOIX DU SOL, SA PRÉPARATION.

Le cotonnier aime une terre profonde, perméable, substantielle, friable ni trop légère ni trop forte. Les argilo-calcaires, qui forment la majorité de la croûte arable en Algérie, se rapprochent le plus de cette combinaison. Les terrains glaiseux, froids, qui retiennent l'humidité ne conviennent pas au cotonnier.

Il faut que le terrain soit complètement purgé de toutes racines vivaces et parasites, qu'il soit propre en un mot, et passé de l'état de défrichement à celui de sol cultivable parfait.

Le moyen de préparation le plus expéditif et le plus économique est le labour à la charrue. Il faut qu'il soit aussi profond et aussi parfait que possible. Trois ou quatre labours croisés, avec autant de hersages ne sont pas de trop pour ameublir et préparer convenablement le sol, pour peu qu'il soit compacte et de culture récente. Ces labours doivent être donnés à de longs intervalles : le premier, aussitôt les pluies d'automne, ou pendant l'été, ou plus tôt encore, si on le peut; le second, fin décembre; le troisième, fin février, et enfin le dernier au moment de semer. Inutile de dire que le hersage est le complément du labour, et que chaque labour doit être hersé jusqu'à ce que les mottes de terre aient disparu; l'action du rouleau est quelquefois indispensable pour atteindre ce résultat.

Les hersages énergiques sont encore le moyen d'extirper les racines vivaces parasites, telles que le chiendent, certains oignons et tubercules, les traînasses de labiées, etc.

Le meilleur labour de charrue ne peut avoir plus de vingt-cinq centimètres de profondeur en moyenne. Les racines des cotonniers, qui *pivotent* dans le sol jusqu'à cinquante centimètres de profondeur, seraient arrêtées par le *plancher de la charrue* et ne pourraient pas se développer dans leur position naturelle, elles seraient contraintes à s'étendre horizontalement, à peu de profondeur dans le sol, et la plante ne tardant pas à souffrir de la sécheresse par sa base, ne pourrait prendre le développement convenable. Il faut que les racines pivotantes, en s'enfonçant, trouvent la terre remuée à au moins quarante centimètres de profondeur. Pour arriver à ce résultat, il faut préparer spécialement la place de chaque plante.

Après le dernier labour et lorsque le terrain a été bien ameubli et aplani par le hersage, on trace des lignes dans le sens de la longueur ou de la pente du terrain, équidistantes de un mètre. On marque ses divisions à l'avance, à chaque extémité du champ, puis on place un cordeau et l'on ouvre une petite rigole avec la pointe d'un échalas. Quand les lignes sont ainsi tracées dans ce sens, on recommence la même opération en travers, mais en mettant, cette fois, les lignes à 80 centimètres les unes des autres. Les points où les lignes se croisent sont les places que doivent occuper les plantes ; elles se trouvent espacées de 80 centimètres sur un sens, et de 1 mètre sur l'autre ; il en contient alors douze mille par hectare. A chaque point marqué pour la place des plantes, on creuse, avec une bêche, une petite fosse de 40 centimètres de largeur, en carré, sur autant de profondeur. On commence en tête de la ligne transversale, on répand la terre de la première fosse, puis en allant à reculons, on remplit cette première fosse avec la terre de la seconde que l'on ouvre, et ainsi de suite, de manière qu'une fosse ouverte est aussitôt recomblée par la terre de la fosse voisine. On a toujours soin de terminer le remplissage, à la surface, par la meilleure terre, dans laquelle devront se trouver placées les graines. Un homme un peu exercé peut faire de cinq à six cents de ces fosses par jour.

§ IV. — ENSEMENCEMENT.

Il ne faut pas perdre de vue que le cotonnier est originaire des pays les plus chauds du globe, et qu'il a besoin d'une quantité donnée de chaleur pour se développer. Si, dans l'espoir de rapprocher le terme de sa maturité, on mettait sa graine en terre avant que les mauvais temps ne soient tout à fait passés et avant que la terre n'ait pris le degré de chaleur convenable, on courrait inévitablement le risque de perdre sa semence et son temps, car la graine mise en contact avec le sol humide et froid, pourrit infailliblement. Si la température s'élève un instant assez pour que la plante germe, et qu'ensuite un refroidissement ait lieu, dans cette condition, elle reste jaune et chétive ; il faut recommencer le semis un peu plus tard. D'un autre côté, si l'on attend trop tard et que la terre soit sèche, la graine ne germe pas et se conserve intacte. Il faut, pour que cette germination ait lieu, l'action simultanée de la chaleur et de l'humidité. Cette union de la chaleur suffisante et de l'humidité nécessaire, n'a pas lieu aux mêmes époques chaque printemps. On ne peut alors assigner une époque fixe pour ces semis ; on peut dire seulement, et avec raison, qu'il y a une saison, mais cette saison est elle-même assez difficile à bien préciser. Il faut s'aider pour cela des pronostics tirés des phénomènes qui nous entourent. Il faut d'abord observer que le vent d'Ouest ait cessé, que son action ne se fasse plus sentir depuis quelque temps, et qu'une brise légère et tiède lui ait succédé, que les pluies froides, les giboulées, qui tombent quelquefois très-tard au printemps, soient remplacées par des pluies douces et fines ; que la température des nuits se maintienne assez élevée et que la température de la terre soit au moins de quinze degrés au lever du soleil. On peut encore tirer des indices utiles de la végétation spontanée. Lorsque l'on voit les gemmes d'un grand nombre d'espèces d'arbres se développer à la fois, que les saules, mais surtout les mûriers blancs en plein vent sont déjà tout verts, sans que les feuilles se rouillent sur leur bord par l'effet du refroidissement, il est à peu près certain que le moment est venu de semer le coton.

La graine de coton, venue dans de bonnes conditions, conserve sa faculté germinative pendant trois à quatre ans ;

cependant, lorsqu'on le peut, il vaut mieux semer de la graine de la dernière récolte. Il convient aussi de réserver pour semer, la graine qui mûrit la première, c'est le moyen d'arriver à obtenir de proche en proche, des plantes plus précoces à fructifier. On doit choisir sa semence à la main et n'admettre que celle qui est bien franche.

Lorsque le moment de semer est venu, on doit faire tremper sa graine pour en hâter la germination dans le sol. A cet effet, on la met dans un vase, on y verse de l'eau jusqu'à ce qu'elle soit à peine submergée, puis on couvre le vase et on le met dans un endroit chaud, ou au soleil pendant le jour. La graine ne doit pas rester plus de deux jours dans cet état, il faut la semer de suite à l'expiration de ce délai.

Il faut un peu plus d'un demi-décalitre de graine pour ensemencer un hectare ; un décalitre est plus que suffisant.

La mise de la graine en terre se fait à peu près de la même manière que pour les haricots plantés par touffes. Sur chaque place préparée ainsi qu'il a été dit plus haut, on fait un potet avec une binette, on y dépose quatre à cinq graines, distancées l'une de l'autre de cinq à six centimètres, puis on les recouvre de deux travers de doigts de terre, que l'on appuie avec le dos de la binette pour que la sécheresse pénètre moins.

On doit bien observer, qu'il faut que la terre, ayant la température convenable, soit en même temps fraîche, autrement la graine ne germerait pas ; si donc le semis a été différé jusqu'au moment où la terre est sèche, il faudra alors humecter la place des plantes en y portant de l'eau.

Si le semis est bien fait et si la température, en même temps que l'humidité, sont favorables, les graines lèvent au bout de cinq à six jours. Lorsque les jeunes plantes sont assurées, qu'elles ont chacune trois à quatre feuilles, on n'en laisse que deux à chaque touffe, et on supprime les autres comme étant superflues. En mettant un plus grand nombre de graines qu'on ne veut conserver de plantes, on a pour but de parer aux accidents et aux éventualités et d'arriver à n'avoir aucun vide, qu'il serait difficile de combler, car il faut toujours diriger ses efforts pour que la plantation soit uniforme. Dans le cas où toutes les graines d'un même potet ne lèveraient pas, il faudrait enlever en motte et avec précaution, un ou deux jeunes plants dans les potets voisins où ils seraient en trop grand nombre ; cette transplantation doit se faire avec beaucoup de soins ; il faut ombrer les plants déplacés et les arroser à plusieurs reprises.

Une fois les jeunes plants bien égalisés partout, il n'y plus qu'à leur donner des binages et à empêcher l'herbe de se montrer dans la plantation. Lorsque les plantes ont 50 à 60 centimètres de hauteur, il est nécessaire de ramener la terre au pied et d'y former une petite butte pour les empêcher de s'incliner.

§ V. — DES SOINS A DONNER AUX PLANTES ADULTES.

Dès que les premières fleurs commencent à s'épanouir, on écime les plantes, c'est-à-dire que l'on coupe avec les ongles, la partie herbacée qui termine la tige principale. Cette opération a pour but de faire refluer la sève dans les rameaux latéraux, de donner plus de développement aux capsules et en même temps de hâter et d'égaliser la fructification. Il faut continuer les binages, si les herbes se montrent, mais il faut prendre de grandes précautions, afin de ne pas éclater les branches latérales qui sont chargées de fleurs et de fruits.

§ VI. — DE LA RÉCOLTE.

C'est ordinairement cinq mois après l'ensemencement que commence la maturité des premières capsules, c'est-à-dire vers la fin de septembre. Elles ne mûrissent pas toutes à la fois, et c'est là un très-grand bienfait ; cette circonstance permet cette production aux petits colons, qui en seraient frustrés s'il leur fallait, à prix d'argent, réunir un certain nombre de bras, en un temps donné, pour faire une récolte pressante et simultanée. C'est là, sans contredit, l'une des conditions essentielles qui rendent cette culture possible en Algérie.

Les femmes et les enfants seront toujours les meilleurs auxiliaires pour la cueillette du coton, travail plus minutieux que fatigant et qui exige une certaine dextérité. Les cueilleurs suspendent après eux un sac de toile dans lequel ils jettent le coton à mesure qu'ils le retirent des capsules ; quand le sac est plein, on le vide sur une toile à l'extrémité du champ.

Il faut attendre que les capsules soient bien ouvertes et que la majeure partie du coton soit pendante et flotte au dehors, pour le détacher, l'opération en est plus expéditive et plus facile, mais il faut éviter qu'il tombe à terre où il se salit et perd de sa valeur. Cependant, si le temps menaçait de se mettre à la pluie, il faudrait tâcher de retirer le coton de toutes les capsules qui commencent à s'entrouvrir, car la pluie gâterait infailliblement celui qui serait exposé à l'air. Quand le temps est au beau, il y a à récolter tous les jours dans la plantation ; une femme et un enfant peuvent suffire à entretenir la récolte d'un hectare.

Il faut apporter le plus grand soin à la récolte du coton, afin d'éviter que des matières étrangères, des bris de feuilles, viennent se mêler dans le lainage, ce qui lui retirerait une grande valeur ; une vigilance de tous les instants est indispensable pendant les opérations de récolte, de séchage et d'égrenage, pour que le coton conserve toute sa pureté, ne soit point sali par des éléments étrangers et ne subisse pas, par là, de dépréciation à la vente.

Le coton, au fur et à mesure qu'on le récolte, est déposé dans un endroit sec, sur des claies en roseaux. S'il n'a pu être ramassé par un beau temps, si on a été obligé de le récolter pendant la rosée ou la pluie, il faut le sortir pendant plusieurs jours au soleil, et ne le serrer définitivement dans le magasin que lorsqu'il est complètement ressuyé. Les locaux et les appareils de claies qui servent à l'éducation des vers à soie, sont parfaitement appropriés à l'emmagasinement du coton. Ce magasin, qui encore peut être une chambre, un grenier, une pièce quelconque, pourvu qu'elle ne soit pas humide et qu'elle soit aérée, doit être tenu très-proprement ; on doit éviter la poussière, et prendre des précautions pour que les rats et les souris ne souillent pas le coton en venant manger les graines.

On ne saurait trop le répéter, il faut attacher la plus grande importance à la propreté du coton : le manque de soins à cet égard peut lui retirer une grande partie de sa valeur marchande.

§ VII. — DE L'ÉGRENAGE.

Cette opération consiste à séparer le coton de la graine, à laquelle il adhère fortement. La graine entre pour les deux tiers du poids dans la matière brute ; ainsi, sur cent cinquante kilos de coton, il ne restera que cinquante kilos de coton net, après avoir été séparé de la graine.

La séparation du coton de la graine s'opère au moyen d'une machine très-simple, que l'on fait mouvoir avec le pied. Elle se compose d'un bâti en bois sur lequel reposent deux petits cylindres superposés, auxquels deux volants en fonte donnent un mouvement de rotation en sens inverse ; ces cylindres sont en bois et ont environ trois centimètres de diamètre ; le cylindre supérieur doit être en bois dur, celui de dessous est en bois moins dur et plus élastique ; il faut choisir le bois le moins susceptible de se polir par la friction, tel que le chêne, le frêne, l'orme, le sapin. Le polissage empêche les cylindres de saisir le coton, c'est pourquoi le métal ne convient pas. Il ne faut pas non plus qu'ils soient trop aspéruleux, parce qu'alors le coton s'enroulerait autour.

Les cylindres s'usent encore assez vite, et on a trouvé le moyen de les confectionner soi-même et en très-peu de temps, au moyen d'un rabot à filière, qui permet de les remplacer assez promptement pour ne pas interrompre le travail.

On présente aux cylindres le coton, étalé avec les deux mains, qui le saisissent et le jettent dans un sac accroché derrière. La graine tombe du côté opposé en avant des cylindres, qui se règlent pour l'écartement au moyen de vis de pression ; il faut faire attention qu'ils soient suffisamment rapprochés pour que la graine ne soit pas saisie ni écrasée, ce qui tacherait le coton.

Cette machine est très-facile à faire fonctionner, elle n'exige pas déploiement de force, et pour en tirer convenablement parti, il s'uffit d'un peu d'habileté et de pratique. Un homme exercé peut égrener jusqu'à 40 kilos de coton net par jour. Il faut de 30 à 40 jours pour égrener la récolte d'un hectare.

Pendant l'opération de l'égrenage, il faut mettre le plus grand soin à retirer le coton taché et souillé pour le mettre à part, car la présence de quelques poignées de coton défectueux dans une balle de très-belle qualité, suffirait pour lui faire perdre un tiers de sa valeur. A mesure que le coton est égrené et épuré comme il vient d'être dit, on le met dans des grands sacs de toile, dans lesquels on le tasse le plus possible, c'est dans cette condition qu'il doit être livré à l'Administration.

Le mieux serait de faire l'égrenage au fur et à mesure de la récolte, l'opération en serait bien plus facile, le coton n'est pas pelotonné comme quand il a séjourné en tas. Cependant, si les travaux extérieurs ne le permettent pas, on peut reculer cette opération. Il est bien d'étendre le coton au soleil quelque temps avant de l'égrener ; les fibres se détendent et sont plus faciles à saisir par les cylindres. Dès le commencement de novembre, les colons peuvent utiliser leurs soirées pour égrener leur coton.

La machine à égrener dont il vient d'être parlé ne convient qu'aux cotons à longue soie ; ce sont ceux qu'il importe principalement de produire ici, parce qu'ils sont les plus recherchés et qu'ils donneront plus de bénéfices aux colons que les cotons à courte soie. L'Administration se propose de mettre de ces machines à la disposition des colons, à des prix très-minimes.

Une fois la culture du coton établie, la graine est beaucoup plus abondante qu'il ne faut pour le besoin des ensemencements ; on choisit toujours la graine la première mûre et la mieux formée, pour la reproduction. Le restant peut être employé à divers usages. On peut en faire de l'huile qui sert à graisser les cuirs et les machines ; ces graines concassées et après avoir fermenté en tas, font un excellent engrais.

A. HARDY,
Directeur de la Pépinière centrale du Gouvernement.

CULTURE ET PRODUCTION

DU COTON GÉORGIE LONGUE SOIE

A LA PÉPINIÈRE CENTRALE DU GOUVERNEMENT, EN 1850.

Parmi les échantillons de coton envoyés de la Pépinière centrale à l'exposition universelle de Londres, se trouvait un petit ballot de coton Géorgie longue soie, que les Anglais nomment *sea Island cotton,* récolté pour la première fois en Algérie.

Ce coton, soumis au jury central, excita, par sa finesse, sa longueur, son élasticité et son brillant, l'enthousiasme des connaisseurs. Afin de déterminer la valeur de ce nouveau produit, l'administration de la guerre envoya une partie de l'échantillon à l'une des principales fabriques de Lille, avec mission de la filer, afin de faire figurer à l'exposition de Londres le produit manufacturé à côté du produit agricole en nature.

La maison Edmond Cox et Cie., de Louvières-lez-Lille, a filé ce coton en fil rempli au n° 300 anglais et en fil retors à deux bouts, au n° 400 anglais. La même maison assigne à cette sorte conforme à l'échantillon, une valeur de *huit* à *neuf* francs le kilogramme.

Le coton Géorgie longue soie n'est guère plus délicat

que le coton jumel, auquel il emprunte la majeure partie de ses caractères. Il lui ressemble exactement par les tiges, les feuilles, les fleurs et les graines ; il en diffère essentiellement par ses filaments, qui sont de beaucoup plus fins, plus longs, plus soyeux et plus nerveux. Les capsules en sont plus petites et le rendement en est moindre.

Il veut une exposition plus chaude, un terrain plus léger, plus perméable et plus profond. Le sable de mer lui est très-favorable, pourvu qu'il ne domine pas dans le sol et qu'il ne dépasse pas la proportion d'un tiers environ. Il lui faut aussi des arrosements pendant l'été.

Ce n'est qu'à la condition d'une culture des plus soignées que cette variété conservera ses qualités acquises, la longueur, la finesse et l'élasticité qui la font rechercher. Sans des soins spéciaux, elle ne tarderait pas à s'abâtardir et à ne plus donner que des produits dépréciés.

Nous ne pouvons conseiller l'entreprise de cette culture que sur une très-modeste échelle, et alors seulement que l'on se trouvera dans les meilleures conditions possibles sous le rapport de la qualité du sol, sous celui de l'exposition, des abris, des arrosements et de la proximité de la mer, dont l'influence, à une certaine distance, paraît être favorable à la production de ce coton.

Comme la culture du coton Géorgie longue soie paraît appelée à prendre une certaine importance, il n'est pas hors de propos de faire rapidement l'historique des premiers essais qui en ont été tentés.

A l'exposition nationale de 1849, les cotons jumels récoltés à la Pépinière centrale du Gouvernement attirèrent les regards de nos manufacturiers, et l'un d'eux, M. Edmond Cox, de Lille, pensa que le coton Géorgie longue soie, qui est si recherché, réussirait en Algérie, où cette sorte, jusqu'à ce jour, n'avait pas été introduite. Il déposa au Ministère de la guerre une caisse de graines de cette espèce, contenant environ un hectolitre, qui fut envoyée à la Pépinière centrale. Là, on se rendit compte des propriétés germinatives de ces graines, et on reconnut qu'elles étaient vieilles, et qu'elles ne germaient que dans les proportions de deux sur cent.

Il était impossible d'établir des semis réguliers avec des graines aussi défectueuses ; il était impossible aussi de reconnaître les bonnes graines d'avec celles qui étaient rances, même en les faisant nager sur l'eau, toutes ayant le même poids spécifique.

Nous fîmes alors étendre sur couche et sous châssis toute la semence, très-près-à-près, dans la première quinzaine de février. Au bout d'une huitaine de jours, il sortit des plants ça et là, qui furent enlevés, dès qu'ils eurent les cotyledons bien développés, et repiqués dans des godets disposés sur un bout de la même couche. Cette opération réussit à merveille et l'on habitua graduellement les jeunes plants à l'air libre.

Vers la mi-mai, les plants de coton Géorgie longue soie ayant six feuilles, on les dépota et on les planta en ligne en pleine terre. Le terrain qui les reçut venait d'être occupé par des cultures de jacinthes et autres lilacées et tubercules. Il était très-meuble, abondamment fumé, profondément labouré et avait reçu en outre une forte addition de sable de mer. Les lignes étaient espacées de 1 m. 60 c. et les plants se trouvaient à 0 m. 50 c. sur la ligne.

La superficie plantée fut de 486 mètres. On bina quatre fois, et les plantes reçurent huit arrosages par irrigations pendant le cours de l'été. Les plantes ne furent point écimées : elles s'élevèrent de 1 m. 20 c. à 1 m. 50 c.; elles se ramifièrent beaucoup, elles avaient une forme tout-à-fait pyramidale, et, quoique les lignes fussent distantes de 1 m. 60 c., les branches latérales se rejoignaient à la base. Il me paraît impossible d'obtenir une plus belle végétation et des plantes mieux disposées à une abondante fructification. Les capsules, quoique d'une moyenne grosseur, étaient tellement nombreuses que les branches s'inclinaient sous leur poids vers le sol.

La maturité des capsules commença vers le 26 septembre et se prolongea jusqu'à la fin de décembre.

On récolta 71 kilos de coton brut, qui, étant égrenés, rendirent 13 kilos de coton net, exempt de rouille et de toute souillure.

En vendant nos 13 kilos de coton à raison de 8 fr. le kilo, nos 486 m. de superficie en culture nous eussent rendu 104 fr.

Appliquant ces résultats à une superficie d'un hectare, on obtiendrait : 1460 kilos coton brut, 267 kilos coton net et un rendement en argent de 2,136.

Une culture de coton jumel, faite en même temps dans le même établissement et établie, en tout point, d'après les indications que nous avons fait publier, a produit, sur une surface de 4,290 mètres, 719 kilos de coton brut, qui ont donné, après l'égrenage, 161 kilos de coton net. Appliquant ces résultats à une surface d'un hectare, on aurait obtenu 1,676 kilos coton brut et 375 kilos coton net, et un rendement en argent, à 2 fr. 50 c. le kilo égrené, de 937 fr. 50 c.

Le rendement du coton net, par rapport au produit brut, est dans la proportion d'un quart, à peu près, pour le coton jumel et d'un cinquième pour le coton Georgie longue soie, c'est-à-dire que 100 kilos du premier don-

nent 25 kilos de produit net, et que 100 kilos du second, ne donnent que 20 kilos.

Nous établirons, d'après notre culture de coton jumel,
le prix de revient d'un hectare de la manière suivante :

		fr.	c.
Trois labours profonds à la charrue de 20 à 30 cent., à 45 fr. l'un, ci.		135	»
Trois hersages à 12 fr. l'un, ci.		36	»
Ouverture de 12,000 fosses, 30 journées à 2 fr. 25 c., ci.		67	50
Ensemencement.		15	»
Trois binages à 20 fr., ci.		60	»
Récolte du coton, 105 journées d'enfant à 0 fr. 50 c., et 15 journées d'homme 2 fr., ci.		82	50
Égrenage, 87 journées à 2 fr., ci.		174	»
Total des frais.		570	00

Différence en faveur du bénéfice pour la culture du coton
jumel. 367 50

Pour le revient d'un hectare de coton Géorgie longue
soie, il y aurait à ajouter au revient du jumel :

	fr.	c.
Frais divers pour travaux plus minutieux. .	75	»
Arrosements, supposés par une noria. . . .	350	»
Total.	425	»
Revient du jumel.	570	»
Total du revient.	995	»

Différence, en faveur du bénéfice, pour le coton Géorgie
longue soie, à cause de son haut prix. . . . . 1141 »

Malgré que le Géorgie long soit plus délicat et rende
moins de produits que le jumel, sa culture donnera cepen-

dant plus de bénéfice net, à cause du haut prix qui est assigné à son lainage, lorsqu'on pourra le placer dans le milieu qui lui convient; mais, nous ne saurions trop le répéter, ce haut prix ne s'obtiendra qu'à la condition d'une culture des plus perfectionnées, faite dans des proportions modestes; de grandes entreprises, qu'il est toujours matériellement impossible de bien soigner, n'amèneraient que des déceptions.

La saison et le mode des ensemencements, les soins généraux sont les mêmes que pour les autres variétés annuelles.

On peut semer ce coton, à l'aide des irrigations, jusques vers le 20 mai, dans une exposition très-chaude.

Hamma, le 17 avril 1854.

A. HARDY,
Directeur de la Pépinière centrale du Gouvernement.

CULTURE SPÉCIALE DE L'OLIVIER.

MULTIPLICATION DE L'OLIVIER.

La culture de l'olivier exige, en Algérie, les mêmes soins qu'en Europe, mais le développement de cet arbre y est beaucoup plus rapide et sa production bien plus précoce.

L'olivier est un arbre qu'il est facile de multiplier par plusieurs moyens.

La multiplication par le semis des noyaux est le moyen le plus naturel, mais il demande beaucoup de soins, et il faut d'ailleurs beaucoup de temps pour que les plants venus de semences puissent être transplantés à demeure, je l'exposerai néanmoins tel qu'il peut être pratiqué d'après la méthode suivie dans presque toutes les pépinières du midi de la France, et en ayant égard à l'extrême fertilité du sol de l'Algérie, et à la douceur de son climat.

MULTIPLICATION DE L'OLIVIER PAR LE SEMIS DES NOYAUX.

Il faut d'abord préparer le terrain dans lequel doivent être semés les noyaux, en le défonçant à un mètre, au moins, de profondeur.

Vers la fin de la récolte, on choisit des olives bien mûres et bien saines parmi celles qui proviennent des meilleures variétés, on les dépouille de leur pulpe, et les noyaux doivent être mis à tremper, pendant vingt-quatre heures, dans une forte lessive pour les bien nettoyer.

Cela étant fait, on sème les noyaux dans le terrain préparé, assez près l'un de l'autre, dans des rigoles profondes d'environ dix centimètres, et espacées de 15 à 20 centimètres. Dans le courant du printemps et de l'été suivant, il faut arroser souvent, et tenir toujours le terrain bien net de mauvaises herbes.

Les petits oliviers commenceront à lever pendant le premier automne. Pendant le printemps suivant, ils seront assez levés pour bien distinguer leur état. S'ils sont trop serrés, on les éclaircira en arrachant les plus faibles, on pourra même replanter ces derniers, si on ne veut pas les perdre, dans un terrain préparé à cet effet.

Si le semis a été bien soigné, les jeunes plants auront assez profité ici pour être transplantés en pépinière à l'automne qui suivra le second printemps après la mise en terre des noyaux. Ils doivent être placés en pépinière à un mètre, au moins, de distance l'un de l'autre, en tous sens, il convient même de les enlever et de les replanter, autant que possible, avec la terre qui enveloppe leurs jeunes racines. Au printemps suivant, ils peuvent recevoir la greffe. On doit continuer l'arrosement pendant l'été, arracher soigneusement les mauvaises herbes et tenir le terrain toujours bien meuble.

J'ai fait, en petit, l'essai de ce moyen de multiplication, et j'ai acquis l'assurance qu'on pourra toujours transplanter à demeure les jeunes plants d'olivier venus de semences après les premières pluies du deuxième automne après la greffe, car il faut bien observer que le moment le plus favorable ici pour la plantation, est la saison d'automne, n'ayant rien à craindre du froid pendant l'hiver. De cette manière, les jeunes plants profitent des pluies de l'hiver et du printemps, s'enracinent facilement; et ils sont assez vigoureux, après les dernières pluies, pour pouvoir résister aux fortes chaleurs et à la sécheresse de notre été, pendant lequel il faut encore les arroser de tems en tems.

On pourra donc, par ce moyen, se procurer des plants d'olivier, qui seront propres à être placés à demeure dans l'automne de la cinquième année après le semis des noyaux. Si nous consultons nos meilleurs agronomes de France, ils nous apprennent que l'olivier venu de semence y demande sept à huit années de soins pour pouvoir être transplanté à demeure ; et il est encore exposé pendant ce temps à périr par la gelée.

MULTIPLICATION PAR LA TRANSPLANTATION DES SAUVAGEONS DISSÉMINÉS SUR LE SOL DE L'ALGÉRIE.

Nous trouverons le meilleur moyen à employer, en Algérie, pour la multiplication de l'olivier, dans la transplantation des sauvageons qui se trouvent en très-grand nombre sur son territoire.

Il est hors de doute que la dissémination de ces jeunes plants est faite ici par les étourneaux et autres oiseaux qui, dans la saison de la maturité des olives, font, pour leur nourriture, une grande consommation de ce fruit, dont ils ne digèrent que la pulpe et rendent le noyau.

Dans toutes les contrées de l'Algérie, les côteaux incultes sont couverts, en grande partie, d'oliviers sauvages ; et la multiplication de cet arbre sera très-facile ici, dès qu'on voudra s'occuper sérieusement de sa culture.

On pourra tirer des lieux incultes qui en sont couverts

les plus beaux plants pour les placer à demeure, ainsi que je l'exposerai plus loin. Les plus faibles pourront servir à former des pépinières, et même des plantations d'attente destinées à propager les meilleures variétés en Algérie. Nous pouvons attendre les résultats les plus satisfaisants de cette méthode de propagation, et elle réussira parfaitement ; car il est bien prouvé que l'olivier peut être transplanté, étant déjà bien formé ; et lorsque cet arbre est bien soigné, sa venue ne se ressent presque pas du dérangement causé par la transplantation.

MULTIPLICATION PAR BOUTURES.

L'olivier peut être multiplié par boutures. Cette méthode, pratiquée avec succès dans l'antiquité, l'est encore aujourd'hui dans certaines contrées de l'Italie. Elle donne le moyen de se procurer des plants d'olivier de toutes les variétés qu'on veut multiplier sans avoir recours à la greffe.

Elle consiste à choisir sur les arbres dont on veut propager l'espèce de beaux jets d'un mètre, au moins, de longueur. On les enfonce en terre verticalement, et des trois quarts de leur longueur, dans un terrain préparé à cet effet, leur laissant deux boutons, au plus, hors de terre.

Ces boutures devront être faites ici immédiatement après la récolte des olives : il faudra avoir bien soin de tenir le terrain bien net de mauvaises herbes ; et de les arroser, au moins, pendant le premier été après la plantation.

Ce moyen de multiplication ne pourra pas être pratiqué maintenant sur tous les points de l'Algérie qui, la plupart, ne possèdent sur leur territoire que des oliviers sauvages, ou des variétés peu avantageuses. Il pourra être employé avec succès lorsque nous aurons introduit, sur toutes les parties du territoire, les meilleures variétés à multiplier en Algérie.

MULTIPLICATION PAR LES DRAGEONS.

L'on peut aussi multiplier l'olivier par la plantation de drageons. On appelle de ce nom les jets qui poussent sur la souche de l'arbre, et que l'on enlève, pour être transplantés, avec une partie de cette souche.

On met les drageons en terre de la même manière que les boutures, et ils exigent les mêmes soins.

Il est bon d'observer que par ce dernier moyen de multiplication, on ne pourra pas toujours se passer de la greffe, car il arrivera très-souvent que le sujet dont on tirera les drageons se trouvera greffé bien au-dessus de sa souche ; et que, par conséquent, le pied du jet enlevé pour être transplanté appartiendra à la partie sauvage de l'arbre.

DE LA PLANTATION A DEMEURE.

Les plants d'olivier doivent être plantés à demeure, après les premières pluies de l'automne, dans un terrain défoncé et préparé d'avance, et dans des trous d'un mètre carré, au moins, sur un mètre cinquante centimètres de profondeur ; il est même convenable, autant que cela est possible, de transplanter ces jeunes arbres avec la terre qui entoure leurs racines.

La distance à donner aux plantations devant varier selon la fertilité du sol et la nature du climat, il faudra espacer ici les jeunes oliviers d'une distance de dix mètres, au moins, en tous sens, attendu que tout y est favorable à leur plus grand développement, et qu'ils y prennent, en vieillissant, des proportions extraordinaires. L'agriculteur qui fera des plantations d'oliviers en Algérie devra bien se garder de s'écarter de cette règle ; dans le seul but de placer quelques arbres de plus sur un hectare de terrain, il n'en retirerait pas de bien grands avantages dans les premières années, et il compromettrait l'avenir de ses plantations. D'ailleurs, en espaçant convenablement les oliviers, on pourra toujours tirer parti du terrain pour d'autres cultures, en réservant seulement autour de l'arbre le terrain nécessaire au développement de ses racines.

Les jeunes oliviers devront donc être plantés à dix mètres l'un de l'autre, en tout sens, et autant que la conformité du terrain le permettra, ils devront être placés en lignes régulières, afin que l'air et la lumière aient la plus libre circulation dans l'intérieur des plantations.

GREFFE DES SAUVAGEONS.

Au premier printemps après leur plantation à demeure, les jeunes oliviers devront être greffés, s'ils ne l'ont pas été en pépinière.

La greffe la plus généralement pratiquée sur l'olivier, est la greffe en écusson.

On pourra cependant les greffer à baguette, c'est-à-dire par l'introduction d'un rameau entre l'écorce et l'aubier au moyen d'un légère fente pratiguée dans l'écorce en tête du sujet à greffer. On doit même faire cette greffe à deux rameaux, afin d'avoir double chance de réussite.

Cette dernière méthode est plus longue et plus difficile dans son exécution, mais en lui donnant tous les soins voulus, elle prend bien sur l'olivier; j'en ai fait moi-même l'expérience ici. Elle a beaucoup plus de vigueur que la greffe en écusson, et elle donne immédiatement des beaux jets qui ont une forte avance sur ceux qui proviennent de cette dernière méthode.

Quelle que soit la méthode employée pour greffer les jeunes oliviers, il est de la plus grande importance, pour le bien des plantations, de choisir convenablement les sujets qui fourniront les greffes. Elles doivent être prises de préférence sur des arbres placés dans des terrains de même nature et ayant la même exposition que les jeunes plants à greffer.

TRAVAUX DE CULTURE.

Le terrain planté de jeunes oliviers à demeure doit être tenu toujours bien meuble, et bien net de mauvaises herbes. Il convient d'arroser ces plants pendant l'été; et l'arrosement doit être continué jusqu'après l'été qui suivra la greffe.

L'emploi des engrais ici ne sera pas indispensable dans les premières années de la plantation, attendu qu'elle aura presque toujours été faite dans des terres riches en humus, et qui sont en repos depuis long-temps. Cependant en les distribuant avec modération, ils pourront hâter sensiblement la production des jeunes oliviers, sans causer de trop grandes dépenses.

Si le terrain planté d'oliviers n'est pas utilisé pour d'autres cultures, il devra recevoir trois façons : la première immédiatement après la récolte des olives, la seconde à la fin de mars et la troisième à la fin de juillet. Mais il est à présumer que les planteurs d'oliviers en Algérie intercaleront toujours à leurs plantations quelques cultures convenables, celles des céréales et des plantes fourragères, par. exemple. Quelle que soit la culture intercalée aux plantations d'oliviers, il faut avoir bien soin, dans leurs premières années surtout, de laisser libre, autour du pied de ces arbres, le terrain nécessaire au développement de leurs racines, afin qu'ils n'aient pas à partager avec d'autres plantes les sucs nourriciers indispensables à leur prompte croissance.

Si la conformité du terrain le permet, les travaux de culture devront être faits à la charrue, en observant bien de ne labourer qu'à distance convenable du pied des oliviers, afin de ne pas blesser leurs racines. Le carré de terrain autour des arbres sera fait à bras, et l'on fera de même tous les travaux de culture, lorsqu'on ne pourra pas faire usage de la charrue.

Dans la plupart des pays chauds, l'olivier, une fois bien pris, est abandonné à la nature, et il n'est jamais fumé. Il faudra bien se garder de suivre cette règle; car pour hâter et augmenter la production de l'olivier, l'emploi des engrais est indispensable après les premières années de sa plantation; je pense que si l'on veut avoir ici les meilleurs résultats de la culture de l'olivier, il faudra fumer cet arbre dès sa quatrième année, tous les trois ans, au moins, et plus souvent, si on le peut.

La végétation étant excessivement active ici, les jeunes plants d'oliviers se couvriront promptement de nombreuses pousses. Il faut avoir bien soin de tailler et élaguer ces arbres, de manière à laisser prendre de l'extension aux pousses horizontales les mieux placées autour de la tête de l'arbre, et à tenir l'intérieur de l'arbre toujours bien clair et point chargé de pousses verticales. On doit laisser prendre au pied de l'olivier ici une hauteur de deux mètres, au moins, afin qu'il soit proportionné aux fortes dimensions que cet arbre doit acquérir par sa longévité.

DÉVELOPPEMENT ET PRODUITS DE L'OLIVIER.

Le développement de l'olivier est très-rapide en Algérie, et si l'on donne à cet arbre tous les soins voulus pour activer ses progrès, il pourra être en produit en peu d'années et remboursera promptement au planteur le montant de ses avances.

L'expérience faite ici sur des jeunes plants d'oliviers sauvages que j'ai greffés en avril 1842, m'a convaincu que cet arbre, bien soigné, pourra toujours donner environ de deux à trois kilogrammes d'olives, ou soit à peu près cinquante centilitres d'huile, à la quatrième récolte après la greffe.

L'olivier, vers la douzième année, après sa plantation à demeure, sera d'un beau port, et comparable à nos oliviers les plus vigoureux du midi de la France. Cette assertion paraîtra peut-être exagérée, je n'ai pas de peine à le croire ; et je conçois aujourd'hui qu'il faut avoir vécu en Algérie, et y avoir observé avec soin la croissance progressive des jeunes plants disséminés sur son territoire, pour bien apprécier tout ce que peuvent sur une plante douze années de belle végétation. En considérant donc que le développement de l'olivier est beaucoup plus rapide ici qu'en Europe, et que sa production y est bien plus précoce, on peut estimer que, dès sa douzième année, cet arbre pourra donner un produit de trois litres d'huile, au moins ;

et ce produit augmentera progressivement les années suivantes. A cet âge, l'olivier aura remboursé sa dette au planteur qui aura, en outre, perçu pendant douze années, le revenu des diverses cultures intercalées à ses plantations. Ce résultat est bien au-dessus de tout ce qu'on peut obtenir en France, où l'olivier le mieux cultivé ne peut défrayer le propriétaire de ses avances qu'après la seizième année.

Les oliviers en France ne donnent pas des récoltes toutes les années ; il est même peu de contrées, si bien exposées qu'elles soient pour la culture de cet arbre, qui puissent promettre une bonne récolte assurée tous les deux ans. En Algérie, l'olivier produit tous les ans. Si les récoltes n'y ont pas, chaque année, la même importance, elles varient peu ; et les plus faibles peuvent encore dépasser de beaucoup les plus abondantes du midi de la France, en comparant des arbres de même âge.

Une partie des oliviers que je cultive ici se trouvant convenablement placés pour être bien soignés, et leur récolte pouvant être faite à part, voici les observations que j'ai faites sur la production de quelques-uns de ces oliviers depuis l'année 1842 :

Récolte de 1842, par pied d'olivier.	44 k^{os} d'olives.
Récolte de 1843, id. . . .	62 k^{os} »
Récolte de 1844, id. . . .	53 k^{os} »
Récoltes de 1845 et de 1846 (détruites par les sauterelles). . .	» — »
Le produit total, par pied d'olivier, a donc été, pour trois années consécutives, de. . .	159 k^{os} d'olives.

Ce qui a donné un produit moyen, par année, et par pied d'olivier, de cinquante-trois kilogrammes d'olives, ou soit environ douze litres d'huile.

Il est vrai que les grands oliviers qui ont donné ce produit se trouvent réunis sur un terrain excellent et très-bien exposé ; mais il est à observer aussi que ces arbres n'ont jamais été fumés ; et il est hors de doute que s'ils eussent reçu une quantité suffisante d'engrais, leur produit eût été bien plus important.

Nous ne suivrons pas l'olivier dans ses progrès après sa douzième année, il donnera des résultats qui, comparés à ceux de nos oliviers d'Europe, étonneront le planteur qui s'occupera ici de la culture de cet arbre dont le riche produit assurera pour lui, et pour sa postérité, un des plus beaux revenus.

DIVERSES VARIÉTÉS DE L'OLIVIER EN ALGÉRIE.

Nous avons en Algérie diverses variétés de l'olivier. Il ne nous est pas encore possible de les connaître toutes ; et il est des contrées encore non explorées, la Kabylie surtout, qui doivent en posséder quelques-unes qui ne se trouvent pas sur les territoires voisins de nos établissements.

Les variétés que j'ai reconnues parmi les oliviers que je cultive sont :

1° *L'olivier sauvage :* les variétés de cette espèce, provenant de la dissémination des noyaux, sont très-nombreuses, et plus ou moins vigoureuses, selon la beauté du sujet auquel elles doivent leur origine.

L'olivier sauvage a ses feuilles plus petites, et d'un vert plus clair et plus luisant que celles de l'olivier greffé. Son fruit est beaucoup plus petit que celui qui vient de ce dernier, et il contient une si minime quantité d'huile, que son produit ne pourrait pas payer les frais de culture de cet arbre ; mais l'huile fabriquée avec les olives sauvages est d'une qualité supérieure.

2° *L'olivier à fruits long* : cet olivier est de moyenne fécondité. Son fruit qui a, à peu près, la forme d'un petit gland, reste d'une couleur de noir-violet après sa maturité ; il produit peu d'huile.

3° *L'olivier à gros fruit* : cet arbre ne donne pas des récoltes bien abondantes , mais son fruit est beaucoup plus gros que celui des autres variétés, et il surpasse en grosseur nos plus belles olives d'Europe. Cette variété produit peu d'huile, et son fruit est le plus convenable pour être confit et servir aux usages de la table. Les arbres de cette variété sont peu nombreux, et il est à supposer que les Indigènes ne les cultivaient que pour leur usage alimentaire. Son fruit est très-précoce, et sa maturité arrive toujours avant celle des autres olives.

4° *L'olivier à fruit rond* : les feuilles de cet arbre sont d'un beau vert, et très-blanches au-dessous. Son fruit rond et de grosseur moyenne , est noir lorsqu'il a acquis sa parfaite maturité. Cet arbre est très-fécond, son fruit produit beaucoup d'huile de bonne qualité.

5° *L'olivier à fruit oblong et à rameaux pendants* : l'arbre de cette variété a ses rameaux peu serrés et pendants. Il est d'une très-grande fécondité. Son fruit, de grosseur moyenne, est noir lorsqu'il est mûr ; il donne beaucoup d'huile d'une excellente qualité.

Parmi ces diverses variétés, les arbres de la quatrième et de la cinquième catégorie sont les plus nombreux, et ceux qu'il convient de multiplier. Ils donnent, chaque année, de bonnes récoltes, et leurs olives ont un fort rendement en huile.

RÉCOLTE DES OLIVES.

Dès que les olives sont parvenues à l'état de maturité, c'est-à-dire dès qu'elles passent de la nuance violette à la couleur noire, il faut en faire la récolte.

Dans beaucoup de contrées du midi de l'Europe, on est dans l'usage de faire cette récolte beaucoup trop tard, dans l'idée que les olives rendent d'autant plus d'huile qu'elles sont restées plus longtemps sur l'arbre après leur maturité. Cette idée est erronée, et ne repose que sur une fausse apparence ; en effet, les olives cueillies dès qu'elles sont mûres ont encore toute leur eau végétale, tandis que par un long séjour sur l'arbre, elles perdent par l'évaporation toute leur partie aqueuse et finissent par se rider. Il en résulte naturellement qu'une même mesure contient une bien plus grande quantité de ces dernières olives, ayant perdu de leur volume, que de celles qui ont été cueillies primitivement, et que par conséquent on obtient plus d'huile d'une plus grande quantité d'olives, et non pas des mêmes olives cueillies à une époque plus tardive. On ne doit donc pas s'arrêter à ce préjugé. D'ailleurs, on doit cueillir les olives dès qu'elles sont mûres si on tient à faire de l'huile fine. Il est encore un autre motif qui doit déterminer ici les cultivateurs à faire leur récolte de bonne heure. La végétation est très-active en Algérie, et l'olivier est à peine dépouillé de son fruit qu'il commence à montrer des boutons à fleurs qui seraient contrariés dans leur développement si on laissait cet arbre trop longtemps chargé de sa récolte.

On doit commencer par recueillir les olives tombées d'elles-mêmes, et qui, se trouvant salies par le contact de la terre, doivent être placées en particulier en magasin.

On doit ensuite faire la cueillette à la main autant qu'on le peut. Lorsqu'il n'est plus possible d'atteindre de la main les rameaux chargés de fruit, on les secoue d'abord fortement, et on les gaule ensuite pour faire tomber les olives sur des grandes toiles étendues au pied des arbres pour les recevoir.

Lorsque les olives ont été récoltées, elles doivent être traitées de différentes manières, selon qu'elles sont destinées à la fabrication de l'huile fine, ou à celle de l'huile commune.

Si l'on se propose de faire de l'huile fine pour les usages de la table avec les olives cueillies à leur point de maturité convenable, il faut les étendre sur des planches par couche de vingt centimètres, au plus, d'épaisseur. Si la température n'est pas trop chaude, elles peuvent rester ainsi quatre ou cinq jours ; mais il ne faut jamais les garder en magasin assez longtemps pour qu'elles puissent y éprouver le moindre mouvement de fermentation. L'on n'aura, du reste, qu'à introduire la main, sur plusieurs points, dans les tas d'olives, et si l'on y ressent un commencement de chaleur, on devra se hâter de les porter au moulin.

Lorsqu'on ne veut faire que de l'huile commune, destinée à des usages industriels, les olives peuvent être conservées longtemps en magasin. Elles exigent néanmoins quelques soins, afin de ne pas être exposées à une fermentation trop vive qui pourrait détruire une partie de l'huile qu'elles contiennent. Elles doivent être entassées sous des hangars pavés et sur un lit de fagots, afin de faciliter l'écoulement de leur eau végétale. Les olives ainsi entassées peuvent être conservées des mois entiers. En perdant leur eau, elles se rident, et après quelques jours elles subissent un mouvement de fermentation qui ne les rend plus propres qu'à la fabrication de l'huile destinée aux arts. Les olives parvenues à cet état, sont ordinairement appelées *olives marcies*.

FABRICATION DE L'HUILE D'OLIVE.

Avant d'exposer les diverses opérations relatives à la fabrication de l'huile d'olive, je crois indispensable de décrire les machines et ustensiles employés à l'extraction de cette huile.

La première opération, consistant à écraser les olives pour les réduire en pâte (ce qu'on appelle *détriter* les olives), il faut, pour cet objet, un bassin dans lequel les olives sont passées sous la meule.

Ce bassin doit être fait en pierre de taille et établi sur un massif en maçonnerie. On peut donner à ce bassin deux mètres cinquante centimètres de diamètre; il est bordé en pierre sur une hauteur de vingt-cinq à trente centimètres; cette bordure doit être taillée en talus, et de manière à lui donner vingt centimètres d'épaisseur à la base, et dix centimètres à la partie supérieure. Au centre de ce bassin on élève un bouton en pierre, ayant la forme d'un cône tronqué et pouvant avoir trente centimètres de diamètre à sa base supérieure, et soixante centimètres à sa base inférieure. Au centre de la partie supérieure de ce bouton, on place une crapaudine qui doit recevoir un pivot placé à l'extrémité inférieure de l'arbre destiné à donner le mouvement.

Cet arbre, posé verticalement sur le centre du bassin, peut recevoir son mouvement de rotation de divers moteurs. Lorsqu'on n'a pas un cours d'eau, une machine à vapeur, ou tout autre moyen mécanique pour faire marcher cet arbre, on le fait mouvoir au moyen d'un timon horizontal à l'extrémité duquel est attelée une bête de trait.

Deux meules en pierre verticales destinées à écraser les olives sont placées à distances inégales du centre, de manière à ce que l'une d'elles tourne près du bord, tandis que l'autre tourne près de la base inférieure du bouton placé au centre du bassin. Leur diamètre doit être, au moins, d'un mètre, et la somme de leurs épaisseurs doit être égale à la largeur du bassin entre les bases inférieures du bord et du bonton. Ces meules sont percées à leur centre et garnies de boîtes en cuivre ou en bronze pour recevoir un même essieu en fer qui les traverse et qui passe dans une entaille oblongue pratiquée dans l'arbre de rotation. La manière dont est faite cette entaille permet aux meules de monter et de descendre dans leur mouvement, selon que les olives entassées sur la voie qu'elles parcourent leur offrent plus ou moins de résistance lorsqu'on commence à les faire marcher.

Deux racloirs en tôle, dont l'un est fixé à l'extrémité inférieure de l'arbre vertical, et l'autre est porté par une forte tringle fixée à ce même arbre et qui tient ce racloir près du bord du bassin, sont destinés à retourner la pâte et à la ramener constamment sur la voie des meules. Le premier de ces racloirs suit le mouvement de la meule placée près du centre, et il pousse la pâte laissée derrière elle vers la voie de la meule tournant près du bord ; à la suite de cette dernière marche le second racloir, dont l'ac-

17*

tion est de porter la pâte vers le centre. Par ce moyen, on est dispensé de tenir sans cesse, comme dans l'ancien système, un homme armé d'une pelle autour du bassin pour retourner la pâte.

Les pressoirs employés à l'extraction de l'huile d'olive sont les pressoirs à vis en bois et en fonte et les presses hydrauliques. Ces dernières sont d'une action bien plus puissante que les pressoirs à vis. Il conviendrait cependant d'employer les deux systèmes, comme je l'expliquerai plus bas, dans un moulin à huile destiné à faire un grand travail chaque année, et dans lequel on aurait à fabriquer diverses qualités d'huile d'olive.

Auprès des pressoirs sont placés des bassins en pierre appelés *piles* et dans lesquels on dépose la pâte des olives détritées.

On donne le nom de *scortins* aux cabas de sparte dans lesquels on met la pâte des olives pour la soumettre au pressurage.

Il est indispensable d'avoir dans un moulin à huile un fourneau portant une grande chaudière dans laquelle on tient toujours, pendant le travail, de l'eau en ébullition, pour servir à l'opération de l'échaudage dont je parlerai plus loin.

Les *patelles* sont des espèces de grandes cuillers en fer-blanc ou en cuivre étamé, ayant peu de concavité, et dont les bords sont tranchants. Ces patelles servent à enlever l'huile qui surnage dans les récipiens où elle s'est trouvée mêlée à l'eau végétale des olives ou à l'eau de l'échaudage.

Il est encore divers appareils que je décrirai en traitant de la fabrication.

Les deux conditions fondamentales et indispensables

pour obtenir de l'huile d'olive fine, sont d'abord le détritage des olives fraîchement cueillies, comme je l'ai déjà observé, et ensuite l'extrême propreté des machines et ustensiles devant servir à la fabrication.

Il faut donc, dès le commencement de la récolte, nettoyer le bassin de détritage et les meules, les piles, les pressoirs, les récipiens à huile, les scortins, et enfin tout ce qui compose le matériel du moulin à huile. Pour mettre les appareils et ustensiles dans un état de propreté convenable, on fait une lessive formée de quatre parties de sel de soude sur cent parties d'eau. Lorsque cette lessive est en ébullition, on en arrose toutes les parties du moulin que l'on veut nettoyer, et on les frotte fortement avec une brosse. Quant aux scortins, on les jette dans la lessive bouillante. On les passe ensuite sous le pressoir et on les presse avec force pour leur faire rendre toutes les impuretés dont ils peuvent être souillés. Si on destine au travail du moulin des scortins qui n'aient pas encore servi, il ne faut pas négliger de leur faire subir la même opération ; car le sparte contient une matière colorante et un principe salin qui pourraient influer sur la qualité de l'huile. On termine le nettoiement de tous les appareils et ustensiles par un rinçage à l'eau froide ; et on a soin de laisser ensuite les portes et les fenêtres du moulin ouvertes, afin de sécher promptement tout ce qui a été nettoyé.

Les olives propres à être passées sous la meule et placées sur le plancher de l'étage supérieur du moulin, sont versées dans le bassin de détritage par une trémie en bois à laquelle est adaptée une manche en toile.

On donne le nom de *molte* à la quantité d'olives remplissant le bassin ; et selon sa grandeur, on varie cette quantité. Dans un bassin comme celui que j'ai décrit plus haut; on peut faire la molte de quatre sacs d'olives.

Les olives étant versées, on met le moulin en mouvement pour les écraser ainsi que leurs noyaux. Par le procédé que j'ai exposé, la pâte peut être faite en moins d'une heure.

La pâte étant convenablement faite, on l'enlève du bassin de détritage pour faire place à de nouvelles olives, et on la verse dans les piles placées auprès des pressoirs. On la met ensuite dans les scortins, en ayant soin de les bien emplir tous également, et on les empile sous les vis du pressoir, au nombre de quinze à dix-huit par pile. On serre les vis du pressoir peu à peu et sans secousses ; et on continue ainsi le pressurage autant que l'on peut obtenir de l'huile sans mélange d'eau végétale des olives. Cette huile, qui est ce qu'on appelle *l'huile vierge*, coule dans les récipiens placés devant le pressoir. On l'enlève immédiatement après cette opération, et on la dépose dans les vases destinés à la recevoir. On force les vis du pressoir, et on presse autant qu'on le peut à bras d'hommes. Par cette seconde opération on obtient encore de l'huile fine, mais qui coule dans les récipiens mêlée à l'eau des olives. On laisse égoûter les scortins et on laisse reposer le liquide jusqu'au moment de presser une seconde molte ; et ce n'est qu'alors qu'on enlève des récipiens l'huile qui surnage.

Dès que les scortins pressés sont bien égouttés, on desserre les vis du pressoir pour soumettre la pâte qu'ils contiennent à un second pressurage, afin d'en extraire toute l'huile qu'on n'a pas pu obtenir par la première pressée.

Dans la plupart des moulins on se contente d'ouvrir les scortins aplatis par la pression, de bien remanier la pâte, et en les empilant de nouveau sous les vis du pressoir, de verser une mesure d'eau bouillante dans chaque scortin. Après cela, on presse avec toute la force possible ; c'est cette opération qu'on appelle l'échaudage. Cette manière d'opérer pratiquée dans les anciens moulins est imparfaite, et on ne peut pas, par ce moyen, extraire toute l'huile contenue dans la pâte après la première pressée. Je vais exposer un moyen qui me paraît beaucoup plus convenable.

Après la première pressée, la pâte doit être enlevée des scortins et versée dans une machine que j'appellerai *débrouilloir*, et qui sert à bien diviser toutes les parties de cette pâte. Cette machine se compose d'un cylindre en bois garni tout autour de lames de fer dans le sens de sa longueur. Ce cylindre tourne dans une trémie au moyen d'une manivelle appliquée à son axe. L'espace laissé entre les lames du cylindre et les parois de la trémie doit être assez resserré pour que la pâte ne puisse y passer qu'après avoir été bien divisée. Cette machine est établie sur quatre montants en bois, portant à la partie inférieure une table à rebords sur laquelle tombe la pâte bien débrouillée.

Cette pâte est mise dans de nouveaux scortins ; mais on doit bien observer de ne mettre dans chacun de ces scortins qu'une quantité de pâte à peu près égale à la moitié de ce que contenaient ceux qui ont servi à la première pressée. On les empile de nouveau sous les vis du pressoir, en ayant soin de les bien arroser d'eau bouillante, au dedans comme au dehors, afin de bien délayer la pâte et de rendre plus fluide l'huile qu'elle contient encore. On presse ensuite en employant toute la force dont on peut disposer. Ce second pressurage donne de l'huile de seconde qualité ; et elle peut être classée dans les huiles comestibles, si elle provient d'olives fraîches et saines.

C'est ici le cas d'observer, comme je l'ai dit plus haut, qu'il convient d'avoir plusieurs machines pour le pressurage dans un moulin destiné à faire un grand travail, parce que le temps que prend l'opération dont je viens de parler, augmenté de celui qu'il faut donner au parfait égouttage de la pâte après la deuxième pressée, tiendrait trop longtemps occupé le pressoir dont on aurait besoin pour presser une seconde molte, le second pressurage exigeant une très-grande force pour la complète extraction de l'huile, je pense qu'il devrait être fait par une presse hydraulique, après avoir opéré d'abord sur la pâte au moyen d'un pressoir à vis.

A la seconde pressée, l'huile est dégagée par l'eau bouillante de l'albumine végétale que contient la pâte, et elle coule avec cette eau dans les récipiens. On l'enlève soigneusement avec les patelles à la surface du liquide ; mais on ne peut pas mettre assez d'intervalle entre les pressées et les levées pour que la séparation des deux liquides soit complète, et l'eau des récipiens contient encore une quantité notable d'huile. On verse cette eau dans des grands baquets où on peut la laisser reposer environ quarante-huit heures ; après cela on répand sur le liquide contenu dans ces baquets une assez forte quantité d'eau bouillante pour faciliter le dégagement de l'huile et son ascension à la surface. On l'enlève et on la passe dans un tamis de crin placé sur un nouveau baquet, afin de la séparer des fèces auxquelles elle se trouve mêlée. Cette huile, quoique de troisième qualité, peut encore servir aux usages culinaires, si elle est le produit d'olives détritées fraîches.

L'eau qui reste dans les baquets après un second échaudage contient de l'huile qui ne peut se dégager qu'en laissant cette eau à l'état de repos pendant un certain temps.

Il est donc indispensable d'avoir, dans un moulin à huile, un bassin souterrain destiné à recevoir toutes les eaux grasses, et qui est appelé *enfer*. C'est par le séjour de ces eaux dans l'enfer que l'huile qu'elles contiennent se dégage peu à peu et monte à la surface. Je vais en donner la description, ainsi qu'il me paraît devoir être établi.

L'enfer, construit en pierre de taille ou en maçonnerie de briques, doit avoir une capacité relative au travail du moulin à huile. Il est revêtu intérieurement d'un bon ciment. Les eaux grasses sont versées dans l'enfer par un conduit en fonte ayant environ vingt-cinq centimètres de diamètre. Ce conduit, scellé dans la maçonnerie, suit un des bords intérieurs jusqu'au fond de l'enfer ; il s'y recourbe et prend une direction horizontale jusqu'au centre du fond où il reprend la direction verticale jusqu'à une hauteur d'environ dix centimètres, au plus. L'eau déchargée par ce conduit s'échappe avec force, et, agitant le liquide qui fait son dépôt au fond, elle favorise par ce mouvement le dégagement et l'ascension de l'huile contenue dans ce dépôt.

Pour si peu important que soit le travail d'un moulin à huile, il est facile de concevoir qu'on ne pourrait pas avoir un enfer assez grand pour contenir toutes les eaux grasses d'une récolte, et les laisser assez longtemps en repos pour obtenir la complète séparation des deux liquides. On est donc obligé de faire verser au dehors la partie de l'eau qui, par un assez long séjour, s'est séparée de l'huile ; et voici le moyen à employer pour atteindre ce but : sur le côté opposé à celui auquel est fixé le conduit de décharge dans l'intérieur de l'enfer, on dispose un second tube en fonte de même dimension pour remplir les fonctions de siphon. Une de ses branches qui est verticale , et prend naissance à une moindre hauteur que le premier conduit, descend jusqu'à une certaine distance du fond ; l'autre branche horizontale, ou légèrement inclinée, traverse la maçonnerie à la partie supérieure, et s'ouvre au dehors pour déverser l'eau.

D'après cette disposition, il est évident que le liquide devant monter pour atteindre la hauteur de l'orifice du premier conduit, il y aura déversement au dehors par la branche horizontale du siphon placée en dessous de cette hauteur, dès que le liquide aura atteint le niveau de cette branche ; et il ne sortira de l'enfer que la partie d'eau du fond dépouillée d'huile, et qui aura monté par la branche verticale du siphon.

Lorsqu'on voudra enlever la couche d'huile qui se trouve au-dessus de l'eau contenue dans l'enfer, il faudra élever le niveau du liquide jusqu'à une hauteur convenable, en fermant le siphon à sa partie supérieure et versant de l'eau par le conduit de décharge dans l'enfer.

Cette huile est ordinairement de couleur verdâtre, et n'est propre qu'aux usages industriels.

Après le travail du moulin et après qu'on a retiré l'huile de l'enfer, on doit le vider entièrement et le nettoyer.

Dans un moulin destiné à faire de l'huile de diverses qualités, il ne faut jamais employer l'eau pour l'extraction de l'huile fine, et ne se servir pour ce travail que de scortins bien propres et employés seulement à cette opération. Un moulin à huile bien tenu doit toujours avoir un fort approvisionnement de scortins, afin de pouvoir en affecter un nombre suffisant à chaque qualité d'huile.

L'huile fine, après qu'elle a été extraite des olives, doit

être déposée dans des jarres vernissées intérieurement. On l'y laisse en repos pendant une quinzaine de jours, en ayant soin de tenir, dans le magasin où sont placées ces jarres, une température constante à dix-huit degrés environ, afin de maintenir la fluidité de l'huile, et de favoriser le dégagement du mucilage qu'elle peut contenir encore et qui se précipite au fond. On la transvase ensuite dans de nouvelles jarres bien propres, on les ferme bien hermétiquement, et on y conserve l'huile jusqu'au moment de la vente ou du transvasement en futailles pour l'expédier au dehors.

Dans les moulins destinés à faire des grandes quantités d'huile, et principalement de l'huile à fabriques, on doit avoir des réservoirs en pierre de taille ou en maçonnerie de briques, revêtus intérieurement d'un bon ciment pour y déposer l'huile. On peut encore employer à cet usage des grandes caisses en bois garnies intérieurement de plomb, de zinc ou de tole galvanisée. Un robinet placé à une certaine hauteur du fond sert à tirer l'huile et à la verser dans des futailles ; une ouverture pratiquée en dessous du robinet et fermée par une porte à coulisse, sert à tirer tout le dépôt laissé par l'huile au fond de ces réservoirs.

Le résidu de la pâte des olives, et qui est désigné dans les moulins par le nom de *grignons* peut servir au chauffage des fours à pain. Ces grignons sont d'une grande ressource comme combustible dans les pays qui manquent de bois à brûler. Ainsi, par exemple, la plupart des boulangers de l'île de Malte ne chauffent leur fours qu'avec les grignons qui leur sont apportés des divers ports du royaume de Tunis, où il se fabrique de très-grandes quantités d'huile d'olive.

Il y aura bien des perfectionnements à apporter dans toutes les opérations relatives à la fabrication de l'huile d'olive, telles que je les ai exposées ; et l'on pourra, par la suite, appliquer à cette fabrication l'emploi de diverses machines qui rendront le travail plus rapide et plus parfait. Les connaissances du fabricant et l'expérience qu'il saura acquérir en opérant, devront le guider dans la bonne distribution et l'application des meilleurs procédés à employer pour perfectionner son industrie.

DES MOYENS A EMPLOYER POUR DÉVELOPPER EN ALGÉRIE LA CULTURE DE L'OLIVIER.

La culture de l'olivier est celle qui doit donner les plus beaux produits à l'Algérie, et elle sera, ainsi que celle du mûrier, une des principales sources de notre richesse agricole en Afrique. Il est donc du plus haut intérêt pour l'avenir de notre colonie africaine de donner ici à cette culture tout le développement dont elle est susceptible par la fertilité du sol et la douceur du climat.

Le Gouvernement peut beaucoup par lui-même pour atteindre ce but. Quoique nous ne soyons pas encore les maîtres paisibles de toutes les contrées comprises entre les limites de l'Algérie, nous y possédons néanmoins assez de terrain en pleine sécurité pour pouvoir entreprendre sans hésitation toutes les cultures riches d'avenir.

En faisant quelques sacrifices pour le développement de la culture de l'olivier, le Gouvernement attirera ici une nombreuse population agricole qui s'y livrera avec succès.

Il est vrai que ces sacrifices grèveront la métropole d'une nouvelle charge pour la colonie ; mais nous avons au moins, l'assurance qu'ils ne seront pas infructueux ; et les bons résultats que nous sommes en droit d'en attendre, profiteront autant à la France qu'à l'Algérie.

Ainsi une prime accordée aux planteurs d'oliviers engagerait beaucoup de propriétaires à planter. Ce mode d'encouragement pourrait-il donner accès à quelque abus ? il serait facile d'y remédier, et de le rendre parfaitement efficace. Il faudrait ne compter le montant de la prime au planteur, dût-on la donner un peu plus forte, que deux ans après la plantation à demeure et la greffe bien prise.

On devrait également soumettre les colons concessionnaires de terrains ruraux à planter un certain nombre d'oliviers proportionné au nombre d'hectares concédés, et partout où ces terrains se trouvent dans une exposition convenable. Une prime d'encouragement accordée à ces colons les mettrait à même de cultiver leurs plantations avec le plus grand soin pour activer leurs progrès et hâter leur production.

Constatons par chiffres quels pourront être, pour l'avenir, les résultats de cette mesure.

Supposons la plantation et la greffe d'un million d'oliviers, et fixons à un franc par pied d'olivier la prime à accorder aux planteurs, ce sera pour l'État un sacrifice d'un million de francs, et qui s'élèvera, dès la quinzième année après l'émission de cette valeur, à peu près à deux millions, en y ajoutant le montant de l'intérêt à cinq pour cent cumulé jusqu'à cette époque.

Dès la quinzième année de la plantation et de la greffe bien prise, les oliviers qui auront été bien soignés pourront donner un produit annuel de cinq litres d'huile par arbre. Ce produit estimé au prix moyen de un franc par litre, formera un revenu annuel de cinq millions.

Si, comme nous devons le présumer, d'ici à cette époque

l'agriculture a pris un grand développement en Algérie, toutes les cultures riches pourront y être assujeties à un impôt. Alors le Gouvernement qui aura fait des sacrifices pour créer la base de ce revenu annuel de cinq millions, pourra bien, avec toute justice, exiger des colons qui en auront la jouissance, un impôt sur leurs bénéfices. Aussi bas que soit fixé le taux de cet impôt, il pourra dédommager largement l'État des avances faites pour les planteurs d'oliviers, sans que ces derniers aient à souffrir un dommage nuisible au succès de leurs travaux.

Admettant que cet impôt soit fixé dans le rapport de cinq pour cent avec le produit net annuel de la culture de l'olivier, l'État aura acquis, dès la quinzième année, un revenu annuel de deux cent cinquante mille francs, pour avoir avancé un capital que je porte à deux millions. Ce revenu étant de douze et demi pour cent par année sur les avances faites aux planteurs, le montant de ces avances sera remboursé à l'État dans une période de huit années. Le montant des primes à accorder aux planteurs ne serait donc qu'une avance de fonds à faire pour quelques années, à l'expiration desquelles on aurait un revenu très-important, et qui serait considérablement augmenté par la perception des droits imposés sur une partie des objets consommés par la population agricole et industrielle employée à la culture de l'olivier et à la fabrication de l'huile d'olives.

PÉPINIÈRES ET PLANTATIONS D'ATTENTE.

Un des meilleurs moyens à employer par le Gouvernement pour le prompt développement de la culture de l'olivier, serait de faire d'abord, par lui-même, des plantations à demeure sur certaines parties de terrains incultes, et dans les lieux les plus convenables pour cette entreprise par l'abondance des sauvageons d'oliviers.

Il devrait également faire des pépinières et des plantations d'attente dans ces mêmes localités.

Pour former les pépinières, il faudra choisir les sauvageons les plus faibles, et les planter comme dans celles qui sont formées de plants venus de semis dont j'ai parlé plus haut, en les espaçant d'un mètre cinquante centimètres environ, en tous sens. L'on devra donner à ces pépinières les mêmes soins qu'aux premières.

L'emploi des sauvageons pour faire des plantations d'attente pourra contribuer puissamment à la prompte propagation de l'olivier en Algérie. Cette mesure permetttrait aussi d'avoir toujours au service de l'agriculture des plants assez gros pour entrer de suite en production. Je ne parlerai pas des travaux à faire pour la culture annuelle de ces plantations d'attente; ils devront être les mêmes que ceux que l'on doit faire pour les plantations à demeure, et que j'ai déjà exposés. Il faut observer seulement que ces travaux ne pourront être faits qu'à bras d'homme, à cause du peu d'espace laissé entre les plants d'attente qu'il convient de placer à une distance de trois mètres les uns des autres, en tous sens. Ces jeunes plants, greffés au printems qui suivrait la plantation et cultivés avec soin, deviendraient promptement de beaux sujets. On pourrait tirer de ces plantations d'attente les jeunes oliviers greffés à livrer aux planteurs, et tenir toujours ces plantations complètes en remplaçant, à chaque automne, les plants qui auraient été enlevés.

L'on pourrait multiplier, dans ces pépinières et plantations d'attente, diverses variétés du midi de l'Europe, en faisant transporter en Algérie, et transplanter immédiatement quelques plants destinés à fournir les greffes. Mais il faut avoir bien soin de choisir les meilleures variétés parmi les arbres qui, par leur exposition et la fertilité du sol qui les a vu naître, sont placés sous des influences à peu près identiques à celles de notre climat et de la fertilité de notre terrain. Car il est bien reconnu que les meilleures espèces peuvent perdre de leur supériorité par une trop grande différence entre les élémens de leur prospérité dans le lieu d'origine et les nouvelles influences sous lesquelles elles doivent être placées dans la contrée destinée à leur propagation.

Les divers moyens de développement que je viens d'exposer devraient engager le Gouvernement à créer, sur les points les plus convenables, des fermes-modèles pour la culture de l'olivier et pour la fabrication de l'huile d'olive. Ces établissemens, destinés à fournir des greffes et des jeunes arbres aux planteurs, seraient plus tard d'une grande ressource pour l'agriculture. Ils seraient aussi des écoles pour tous les cultivateurs, et principalement pour les Indigènes, qui y apprendraient, avec le tems, à améliorer leurs travaux agricoles et à perfectionner la fabrication de l'huile d'olive.

DES RÉSULTATS DE LA CULTURE DE L'OLIVIER EN ALGÉRIE.

L'étude qui précède nous a exposé, dans tous ses détails, la culture de l'olivier en Algérie et la fabrication de l'huile d'olive. D'après tout ce que j'ai dit sur cette intéressante question, il doit nous être bien démontré que l'olivier bien cultivé se trouvera tellement bien secondé par la douceur de notre climat et la fertilité de notre sol, qu'il donnera des produits supérieurs à ceux de toute autre culture.

Considérons maintenant quels devront être, tant pour

la colonie que pour la métropole, les principaux résultats de cette riche culture entreprise en grand en Algérie.

Ainsi que je l'ai observé, l'extension donnée à la culture de l'olivier, et par suite à la fabrication de l'huile d'olive, attirera ici une nombreuse population agricole et industrielle. La réalisation des beaux revenus à espérer de cette culture contribuera puissamment aux progrès de la colonisation, en répandant l'aisance sur les diverses classes de la population qu'elle occupera.

La culture de l'olivier, ainsi que toutes les autres cultures, exige l'emploi des engrais pour augmenter l'importance de ses produits. Or, il est incontestable que nous ne pourrions, sans bestiaux, nous procurer de l'engrais. Il faudra donc, lorsqu'on cultivera sérieusement l'olivier, s'occuper en même temps de l'élève du bétail ; et c'est encore une branche agricole dont l'Algérie a le plus grand besoin. Lorsqu'elle n'aura plus pour résultat unique de fournir de la viande à la consommation alimentaire, mais qu'elle aura encore pour but de donner des bêtes de labour et des engrais à l'agriculture, elle sera entreprise ici avec succès, et elle dotera la colonie d'une nouvelle richesse.

L'Algérie reçoit de divers pays étrangers l'huile d'olive fine et comestible nécessaire à sa consommation. Si nous nous occupons sérieusement de leur culture, nos oliviers d'Afrique pourront nous donner, dans un avenir peu éloigné, toute l'huile nécessaire à nos besoins. Les valeurs en numéraire émises à l'étranger pour l'importation de cette denrée, ne sortiront plus alors de la colonie, et y resteront en circulation entre son agriculture et son commerce.

Ne devons-nous pas espérer aussi que les beaux résultats de la culture de l'olivier en Algérie et l'encouragement donné aux planteurs par le Gouvernement, engageront les Indigènes à donner à cette culture un grand développement sur leurs territoires? l'Arabe aime à l'excès la possession du numéraire, et l'espoir du gain l'encouragera à ce travail ; les tribus qui ne s'en sont jamais occupées l'entreprendront. Si cela arrive, comme on peut le présumer, nous y trouverons un puissant auxiliaire à la solution du problème le plus difficile à résoudre ici : la pacification générale et durable de l'Algérie. Lorsque les peuples qui l'habitent auront entrepris les plantations et les cultures industrielles, ils devront avoir des établissements fixes ; et nous n'aurons plus devant nous cette race nomade et insaisissable qui nous est soumise un jour, et se met le lendemain en pleine révolte contre nous.

La France tire de l'étranger des grandes quantités d'huile d'olive, et elle ne trouve dans ce commerce presqu'aucun débouché à ses produits nationaux. Il est bien constaté par des documents authentiques qu'il est importé annuellement dans le royaume pour une valeur d'environ vingt-cinq millions de francs d'huile d'olive. Si nous consultons les mouvements du port de Marseille, qui reçoit presque toute l'huile arrivant de l'étranger, il nous apprendront :

1° Que la plus grande partie de l'huile d'olive importée en France y arrive par des navires étrangers qui n'exportent aucune de nos marchandises à leur retour dans leur pays ;

2° Que presque tous les navires français nolisés pour aller prendre des chargements d'huile dans les pays étrangers, sortent du port de Marseille en lest, et n'exportent dans ces pays aucun de nos produits nationaux.

Lorsque la culture de l'olivier aura pris un grand développement en Algérie, nous pourrons fournir à la France toute l'huile d'olive nécessaire à ses besoins. Ce résultat, joint à la grande extension qu'il donnera au commerce maritime entre la France et l'Algérie, sera une des principales bases de la prospérité future de notre colonie.

La culturé de l'olivier peut donc nous procurer dans l'avenir :

1° Une immense richesse agricole pour l'Algérie ;

2° L'affranchissement de la métropole d'un tribut annuel payé à l'étranger, et l'extension de ses relations commerciales avec la colonie.

N'hésitons donc plus à mettre sérieusement la main à l'œuvre. Ne devons-nous pas, d'ailleurs, travailler sans relâche à tout ce qui peut hâter les progrès de la colonisation, si nous ne voulons pas que la génération qui doit nous succéder en Algérie ait à nous reprocher une inaction coupable ?

Développons promptement la culture de l'olivier, puisqu'elle nous promet les plus heureux résultats ; et créons pour l'Algérie cette richesse territoriale qui doit la rendre heureuse et puissante, et dont les revenus nous sont offerts par la Providence dans la possession de cette belle contrée.

MAFFRE,
Propriétaire à Bougie.

CULTURE DU PAVOT SOMNIFÈRE.

*Extrait d'un rapport adressé le 20 juillet 1844 par
M. le Directeur de la Pépinière centrale à M. le
Directeur de l'Intérieur.*

Dès le courant de l'été 1843, j'ai fait préparer par de
gros labours, le carré destiné à la culture du pavot pour
la récolte de cette année. Lorsque les pluies furent venues,
le terrain fut encore labouré et abondamment fumé, la
terre était très-meuble et très-bien préparée.

Au commencement de novembre, ce carré qui a une superficie de 1,345 m. 50, fut divisé dans sa longueur en
planches de 1,50 m. de largeur, par des sentiers de 0.40,
pour faciliter toutes les opérations de cultures subséquentes.

La graine a été semée à raison de deux centilitres par
planche, ce qui équivaut à un peu plus de trois litres et
demi l'hectare, ou 1 kilo 995 grammes.

A la fin de janvier, les jeunes plants couvraient le sol,
on les a éclairci de manière à laisser entre chaque plant
0 m. 15 à 0 m. 20 de distance ; on leur donna un binage ;
fin mars ils furent binés encore une fois, ces pavots ne
laissaient rien à désirer tant sur la vigueur que sur la régularité de la plantation.

Vers la mi-mai, les plants étaient en pleine fleur, ils étaient remarquables par leur régularité et par leur force ; ils n'avaient pas moins de 1 m. 80 de hauteur, un grand nombre avaient jusqu'à 2 mètres 20 ; ils arrivaient dans toutes les conditions désirables ; à la vigueur des plantes, au sol encore humide, au beau développement des capsules devait venir se joindre la chaleur habituelle et le temps calme de cette saison pour assurer le succès de la récolte projetée ; j'arrivais donc juste avec des plantes bien cons-tituées dans la saison la plus favorable à la production de l'opium ; mais il n'en fut pas tout-à-fait ainsi.

Cette année (1844) s'est signalée par un printemps des plus détestables ; l'hiver semble avoir été reporté jusqu'au mois de juin ; des pluies, des vents, violents et froids se sont prolongés jusqu'au commencement de ce mois, mainte-nant encore (10 juillet) les vents sont permanents et froids, et la température s'élève rarement au-dessus de 26 ° centi-grades : dans l'ordre habituel des choses, nous devrions avoir actuellement de 30 à 32 ° de la même mesure.

Pendant ces fluctuations continuelles du temps, les capsu-les des pavots arrivèrent au degré convenable pour être incisées.

L'état de l'atmosphère et la température sont loin d'être indifférents à cette opération pour sa réussite.

Lorsque j'ai incisé après une pluie, le latex s'écrappait très-liquide des blessures, il ne se rassemblait pas en lar-mes sur bords de la section comme cela doit avoir lieu, il fuit en longues trainées le long de la capsule et de la tige, se répandait sur les feuilles, et lorsque ces gouttes étaient desséchées, il ne restait qu'une très-petite plaque de matière gommeuse qu'on ne pouvait ramasser sans enlever l'épiderme.

Dans ce cas, il y avait évidemment une quantité d'eau mêlée au latex par endosmose, qui l'avait, en quelque sorte délayé, et qui n'avait pas encore eu le temps de s'élaborer.

Si l'opération avait lieu lorsqu'il faisait du vent, et que la température baissait sensiblement, la circulation ou plutôt la cyclose paraissait interrompue, il ne sortait que peu ou point de suc, dans ce cas, j'ai couvert des capsules de blessure, sans en obtenir une plus grande émission, il se répandait faiblement et en bavures sur les bords de la plaie.

Lorsque par un beau jour calme et chaud, trois ou quatre jours après la pluie on incise vers le milieu de la journée, au moment où le soleil est vers son áxe, on voit le suc sortir en abondance, s'épaissir se former en gouttelettes qui se placent près-à-près sur les bords de la coupure. Le latex sort également de la lèvre inférieure et supérieure de la blessure, le volume et le poids le font descendre au-dessous de la lèvre inférieure de manière à faire croire qu'il n'y a que celle-ci qui le produit.

Si dans cette condition de chaleur et de calme, on fait d'un seul trait une incision circulaire autour de la capsule, on voit aussitôt apparaître une couronne de petits points blancs qui grossissent sensiblement jusqu'à se toucher, puis s'allonger et prendre la forme de larmes ; pendant ce temps, il se forme une petite pellicule qui retient le suc comme dans une petite vessie.

J'ai répété souvent ces expériences par de belles journées, le matin et le soir comparativement avec le milieu du jour : j'ai toujours observé que le matin, les choses se passaient à peu de chose près comme après la pluie ; le suc sortait, mais très clair ; il coulait le long de la capsule et des tiges : où il n'était guère possible de le recueillir ; deux ou trois heures après lorsque la chaleur était augmentée, si on faisait de nouvelles incisions sur la même capsule, il y avait une nouvelle émission de suc, moindre que la première, mais un peu plus épais et s'attachant en petites gouttelettes.

De onze heures à deux heures, moment du jour où le soleil a le plus d'action, le suc était plus épais, sortait avec plus de rapidité et en plus grande abondance, il se tenait rassemblé en gouttelettes qui se concrétaient sans se répandre; on remarquait alors qu'il devait y avoir une grande contraction ou une grande irritation gyratoire à l'intérieur des vaissaux, tant le latex avait de propension à s'échapper au dehors, et tellement, qu'au bout de deux minutes, si on pratiquait de nouvelles incisions en différents endroits sur la capsule déjà opérée, il ne sortait plus rien, tout le suc propre s'étant échappé par les premières blessures.

Vers le soir, lorsque la température commençait à baisser, le latex sortait avec moins de vitesse et moins d'abondance; il devenait surtout moins épais; il persistait dans cet état jusqu'à la nuit et jusqu'à ce qu'enfin il arrivât à l'état où on le trouvait le matin.

Ainsi on pourrait juger du degré de circulation du latex par son émission qui va en augmentant du matin au milieu du jour, et va en diminuant du milieu du jour au soir.

Des faits qui précèdent on pourrait déduire :

Que la cyclose augmente en proportion du mouvement de la chaleur et diminue en proportion du froid ;

Que le suc propre est moins épais et moins abondant le matin et le soir, ou lors même que la température est basse dans le milieu du jour et que le ciel est couvert, parce que la cause d'expulsion ayant moins de force, les granules du latex ne sont pas chassées hors des vaisseaux ;

Que lorsque le soleil est venu échauffer la plante, la cy-close est dans sa plus grande irritabilité, il suffit d'une seule blessure pour que le latex s'y porte avec impétuosité et se répande au dehors ; il est alors plus coloré, plus consistant, et se forme plus facilement en gouttelettes ;

Que c'est lorsque les choses sont dans cet état qu'il convient seulement de pratiquer les incisions aux capsules. Leur forme, la place qu'elles doivent occuper, la direction qu'elles doivent prendre sont à peu près indifférentes ; il suffit, à l'aide de blessures d'opérer une fois dans leur longueur, la rupture de chaque vaisseau contenu sous l'épicarpe de la capsule.

Le mode d'extraction qui m'a le mieux réussi, consiste en deux incisions circulaires d'un seul trait, faites sur la partie la plus renflée de la capsule, distancées de manière à partager la longueur générale de celle-ci en trois parties égales. Il est bon que ces incisions soient faites aussi simultanément que possible, parce que le latex se porte par torrents vers la première blessure, et sa grande réunion sur un seul point fait qu'il tombe et se perd.

Si on incise les capsules le matin ou le soir, lorsque le temps est sombre, que la température baisse et qu'il fait du vent, il n'y a qu'une portion du latex qui fait apparition, on est obligé quelque temps après de réitérer les incisions pour l'extraire en entier ; en entier n'est pas tout-à-fait le mot, car dans ce cas, il y a toujours perte : une capsule incisée deux fois dans ces conditions, ne rend jamais autant que si l'on opère une seule fois au milieu du jour par un temps chaud ; dans ce cas, tout le latex de la plante sort immédiatement.

On peut reconnaître le degré de maturité convenable des capsules, pour l'extraction de l'opium, lorsqu'en les pressant entre les doigts, on sent une résistance qui tient un peu du corps dur, tandis qu'avant cet état on les sent molles et élastiques, au changememt de couleur, lorsqu'à travers l'efflorescence cireuse qui les recouvre, on voit qu'elles passent du vert au jaune, ainsi que l'a indiqué M. Liautaud. Quant à prendre pour base le moment de la chute des pétales pour arriver à déterminer la maturité des capsules, il n'est guère possible de se fixer à cet égard ; cette cause doit être subordonnée à la vigueur de la plante et à la température.

Les capsules centrales se montrent bien avant les axillaires et n'arrivent cependant guère avant en maturité. J'ai vu de ces premières qui n'étaient bonnes à inciser qu'au bout de 12 à 15 jours, après la chute des pétales, tandis que d'autres des secondes l'étaient après 5 à 6. A mesure que la plante approche du terme de son existence, la maturité des capsules axillaires s'opère plus vite. Il n'en reste pas moins admissible que sous une température plus élevée que celle d'Alger, la maturité des capsules suive de très-près la chute des pétales.

Nous avons commencé l'extraction de l'opium le 23 mai, elle a duré jusqu'au 11 juin, c'est-à-dire 19 jours ; comme je l'ai dit plus haut, le temps n'a pas été favorable, car sur 19 jours, nous avons eu 5 jours de pluie, 6 jours de vent et 8 jours seulement de temps calme et chaud. Pendant ces 19 jours, le thermomètre centigrade a varié entre 17 et 26°.

Nos 1,345 m. 50 c. de superficie nous ont produit 39,905 capsules, qui, après qu'elles furent incisées nous donnèrent 2 kil. 800 grammes d'opium ; mais cette même quantité avait déjà perdu 450 gr. ; lorsque je l'ai mise dans un bocal pour l'expédier, il restait donc 2 kil. 350 gr.

J'estime que le temps contraire nous a fait perdre au moins un tiers de la récolte. D'abord le vent nous a rompu un grand nombre de tiges que je n'ai pu apprécier et dont les capsules n'ont pu être incisées.

La même cause en tourmentant les tiges a fait répandre le latex lorsque les capsules étaient fraîchement incisées, et les a froissées les unes contre les autres.

Lorsqu'on a incisé pendant le vent, qui, ordinairement était froid, le latex ne sortait point ou fort peu.

Nous avons été surpris par la pluie pendant 4 fois différentes, alors tout le latex nouvellement sorti a été détrempé et a coulé sur les feuilles et à terre ; celui qui était en état de concrétion, a pu être récolté, mais cet opium est resté longtemps mou, et n'avait nullement l'aspect ordinaire ; j'en ai conservé un morceau à part qui se trouve à l'entrée du bocal et que l'on pourra analyser séparément.

Lorsque les capsules furent entièrement sèches, on les coupa une à une, c'est alors qu'elles furent comptées ; on les versa à mesure dans un baquet, et on les brisa à l'aide d'un long pilon en bois ; lorsqu'on eût retiré les débris des capsules à l'aide du crible et du ventement, nous avons trouvé 15 décalitres de graine de pavot bien saine, bien nourrie et susceptible de germination.

M. Tripier, directeur de la pharmacie centrale, a bien voulu mettre sous sa presse un décalitre de cette graine, il a obtenu d'une première expression à froid, 1 kilo. 972 grammes d'une huile très-colorée, d'une saveur douce et agréable, et par une seconde expression, après avoir chauffé le tourteau et ajouté 1|5 d'eau, 0 kilo. 590 grammes d'une huile plus âcre, ce qui met le rendement à 2 kilo. 620 grammes par décalitre, 28 litres par hectolitre ou à 45 pour 0|0.

Ce rendement en huile est exactement le même que celui que l'on obtient de la graine d'œillette, mais notre pavot blanc nous a rendu en graine un tiers de moins que celle-ci dans le nord de la France.

Ainsi il n'y a plus à en douter, le pavot qui a produit de l'opium peut encore produire de l'huile qui peut nous payer, avec les tiges, la moitié du revient général de cette culture ; le tableau suivant indique dans quelles proportions cette huile peut être extraite.

TABLEAU des quantités d'huile fournies par la semence des pavots dont on a extrait l'opium par l'incision des capsules.

QUANTITÉS.	Par litre ou 570 gram.			Par décalit ou 5 k. 700 gr.		Par hectol. ou 57 kilog.		Chaque kil. de semence donne		
	k.	g.	d.	k.	g.	k.	g.	k.	g.	c.
Quantités d'huile obtenues par expression à froid de la semence réduite en poudre (1re expression.)	0	197	2	1	972	19	720	0	346	
Quantité obtenue par une seconde expression après avoir chauffé le tourteau, réduit en poudre avec la 6e partie de son poids d'eau.	0	590		0	059	5	900	0	103	52
								0	449	52
Total du rendement. .	0	256	2	2	562	25	620	0	449	52

Nota. Chaque litre d'huile pèse 915 grammes.

Les 25 kilogrammes, 620 grammes, obtenus d'un hectolitre de semence équivalent à 28 litres.

Les cent kilogrammes de semence rendraient presque rigoureusement 45 kilogrammes d'huile, équivalant à un peu plus de 49 litres.

Nos 1,345 m. 50 c. ou 1[7,43 d'hect. ont coûté, savoir :

Labour, 13 journées à 2 fr. . . . . . .   26 fr. »» c.
Semailles, 6 journées à 2 fr.   12   »»
Deux binages, 8 journées à 2 fr. . . .   16   »»
Récolte de l'opium, 31 journées à 2 fr.   62   »»
Récolte de la graine, 5 journées à 2 fr.   10   »»

Total du revient. . . .   126   »»

PRODUIT.

2 kilo. 350 grammes d'opium à 30 fr. .   70 fr. 50 c.
15 décalitres graine de pavot à 30 fr.
l'hectolitre.   45   »»
930 bottes de tiges à 10 fr. le 100. . .   9   30

Total du produit. . . .   124   80

Nous avons de frais dans le seul but de la culture de l'opium 126 et nous voyons que ce produit ne nous a donné que 70 fr. 50 c.; j'ai dit plus haut que j'estimais à un tiers la perte occasionnée par le mauvais temps, d'après cela, la récolte aurait pu être de 3 kilo. 133 grammes qui nous donnerait une valeur de 93 fr. 99 c.; ce produit seul ne couvrirait pas encore nos frais; mais si nous faisons entrer en ligne de compte la graine pour son huile et les tiges pour chauffage, nous arrivons à nous défrayer avec 22 fr. 29 c. de bénéfice.

Maintenant, appliquons ces chiffres à un hectare pour avoir une idée plus nette du prix du revient et du rendement.

Labour à la houe, 96 journées à 2 fr. . . . . . 192 fr.
Semaille, hersage à la main, 44 journ. à 2 fr.   88
Deux binages   118
Récolte de l'opium, 229 journées à 2 fr.. . .   458

       Total pour l'opium.   856
Récolte de la graine, 37 journées à 2 fr. .   74

       Total des frais pour 1 hectare.   930

En supposant un tiers en sus sur le produit de l'o-
pium (car on doit admettre que la saison ne sera pas toujours aussi défavorable que cette année), on arrive aux
résultats suivants :

Opium 23 kil. 268 à 30 fr. . . . .   698 fr.
Graine de pavot, 11 hectolitres à 30 fr. . . .   330
690 bottes de tiges à 10 centimes.   69

       Total du produit pour 1 hectare.   1097

       Bénéfice net.   167

En substituant le travail à la charrue au travail à bras,
on pourrait obtenir une réduction sur la culture de 100 à
110 fr., mais la culture à la charrue est moins bien faite
qu'à bras, et le produit pourrait bien en être diminué
d'autant ; il n'y aurait probablement pas de bénéfice réel
de ce côté. Ensuite, comme on est obligé de diviser le
terrain par planche de 1 mètre 50 à 2 mètres de largeur
pour la circulation continuelle et obligée, les bras seront
forcés de revenir après la charrue et la herse.

Jusqu'à ce moment-ci, je n'ai pas encore entrevu la
possibilité de se tirer d'affaire avec le seul produit de l'o-
pium, en le livrant à 30 le kil. S'il était bien constaté que
ce produit soit d'une qualité plus uniforme, plus constante

que celui du commerce, si l'art médical étant assuré de trouver à sa porte ce produit si important, toujours pur, toujours égal, pouvait assurer au cultivateur le remboursement au prorata de la morphine qu'il contiendrait toujours d'une manière uniforme, comparativement à la grande variation de ce principe qu'on rencontre dans les variétés de l'opium commercial, nous aurions quelques chances de voir s'établir cette industrie en Algérie. Ce sont les essais réitérés de culture et d'analyse qui pourront nous donner la solution de ce problême ; on a vu déjà qne le rendement de l'huile pourrait nous être d'un grand secours.

Voici, quant à la culture, ce que l'expérience et l'observation ont pu m'apprendre jusqu'à ce jour (1).

A. HARDY,

Directeur de la Pépinière centrale du Gouvernement.

---

(1) Les recommandations données ici par **M. le Directeur** de la Pépinière centrale ont été approuvées par l'Académie des sciences ; on les trouve consignées dans un **rapport de** MM. de Mirbel, Boussingault et Payen.

CULTURE

DE

QUELQUES PLANTES OLÉAGINEUSES.

SÉSAME.

Le sésame (*sesamum orientale*), en Italie *giuggiolena*, en Espagne *ajonjoli*, en Egypte *semsen*, en Barbarie *djudjulen*, est une plante annuelle de la famille des bignoniacées, originaire de l'Asie et de l'Afrique tropicale.

Ses racines sont perpendiculaires ou pivotantes.

Sa tige est droite, haute de 0 m. 80 c. à 1 m., rameuse, tétragone à la base, cylindrique au sommet.

Ses feuilles sont opposées à la base de la tige, alternes à la partie supérieure, pétiolées, ovales oblongues, lancéolées, souvent lobées, quelquefois trifides, inégalement dentées et pubescentes. De l'aisselle des feuilles opposées, naissent des rameaux axillaires, pubescens, qui, à leur tour, portent des feuilles simples, alternes, comme sur le rameau central qui les surmonte.

De l'aisselle de ces feuilles alternes, naît une fleur unique, supportée par un pédoncule court accompagné de deux bractées glandulifères.

Le calice est persistant à cinq segmens, pointus, un peu ciliés.

La corolle est presque campanulée à cinq lobes, l'inférieur plus grand, carnée, quelquefois blanche, pubescente.

Cinq étamines, dont une constamment avortée, style simple, portant un stigmate bilamellé.

Inflorescence indéfinie.

Le fruit est une capsule cartilagineuse, oblongue, tétragone, déhiscente, bivalve, à quatre loges contenant autant de séries de graines se rattachant à un placentaire central.

La graine est ovale comprimée, aspéruleuse, brunâtre à parfaite maturité.

Cette graine est très-oléagineuse : elle entre en grand dans la fabrication des huiles et des savons. Il en est importé en France, par Marseille, pour près de huit millions de francs par an.

Cette plante réussit parfaitement en Algérie. Son produit peut varier de 1,000 à 1,500 kilogrammes par hectare, suivant le degré de fertilité du sol, l'exposition, le nombre des façons données au terrain, et qu'une humidité convenable, mêlée à la chaleur, viendra activer la végétation.

Elle aime un sol doux, léger, cependant substantiel et riche, profondément ameubli par de bons labours, à raison de ses racines pivotantes.

Il faut lui choisir, de préférence, un terrain légèrement incliné vers l'Est, abrité, autant que possible des vents d'Ouest, qui sont, comme chacun le sait, très-préjudiciables à la végétation.

Le terrain doit être complètement purgé des mauvaises herbes et préparé à l'avance par au moins trois labours successivement plus profonds, donnés par intervalles, et par autant de hersages. Il faut observer que pendant l'intervalle des labours, le terrain doit être laissé brut ; de cette manière il offre beaucoup plus de surface à l'action de l'air. On ne herse alors que lorsqu'on est prêt à labourer ou à semer.

Le moment de la semaille est au printemps, en mars ou

avril, lorsqu'on reconnaît que les pluies froides ou torrentielles sont passées, et que la température de la terre s'élève de douze à quinze degrés centigrades. Il est urgent de semer alors dans le plus bref délai, afin que la plante ait le temps de prendre son entier développement avant l'arrivée de la grande sécheresse. On peut même hâter la germination en humectant la graine deux ou trois jours avant de semer, et en l'exposant dans un vase au soleil.

Après avoir bien ameubli le terrain par un dernier hersage, on sème à la volée à raison de trois à quatre décalitres par hectare, suivant qu'il y a longtemps que le terrain est en culture ; dans les terrains défrichés récemment, bien des causes concourent à la destruction des plantes en état de germination : il faut alors semer plus épais.

Les personnes qui ne sont pas exercées à semer à la volée, feront mieux de semer en lignes : pour cela on pourrait se servir avec avantage d'un rayonneur à cheval qui tracerait des lignes peu profondes, distantes de 0 m. 30 c. à 0 m. 35 c. On sèmerait à la main dans ces petits sillons, de manière à laisser tomber 5 à 6 graines par dix centimètres ; on recouvrirait ensuite par deux dents de herse en travers. Dans tous les cas, il faut observer que la graine ne doit pas être enterrée de plus de deux centimètres.

Les semis en lignes, s'ils demandent plus de temps dans leur exécution, offrent l'avantage, lorsqu'ils sont bien faits, de mieux égaliser la distance entre les plantes, et de beaucoup faciliter les sarclages et les binages.

Lorsque les plants ont trois ou quatre feuilles on les éclaircit à la main de manière à les espacer de 25 à 30 centimètres, en réservant de préférence les mieux venans ; quelques jours après on donne un binage dont l'action est de renouveler la surface du sol et de détruire les mauvaises herbes.

Lorsque les plantes ont pris de la force, qu'elles couvrent environ un tiers du sol par leur feuillage, on donne un second binage ; on peut même réitérer ces façons autant de fois qu'on le pourra, le profit en sera pour le sol, pour la plante et, conséquemment, pour le cultivateur qui doit bien se garder d'admettre que les binages dessèchent la terre.

Nous avons dit plus haut que le sésame était une plante à inflorescence indéfinie, c'est-à-dire que l'évolution florale est telle, que les fleurs ne s'épanouissent que successivement de bas en haut, et qu'à la base de l'épi il y a des capsules qui sont mûres, tandis qu'au sommet il y a encore des fleurs non épanouies. Cette irrégularité dans la floraison, est un grave inconvénient pour obtenir des graines d'une égale maturité. Pour y obvier, il est indispensable d'écimer, c'est-à-dire de supprimer l'extrémité des rameaux lorsqu'on reconnaît qu'ils sont aux deux tiers développés, laquelle extrémité supprimée ne contient que des fleurs à l'état de boutons.

Pour abréger la main-d'œuvre on pourrait se servir d'une faucille attachée à une perche légère, de deux mètres de longueur, on peut ainsi mener devant soi un rayon de trois ou quatre mètres, mais l'opération est bien moins complète et le résultat moins satisfaisant qu'en exécutant l'écimage à la main ; par ce moyen on parvient à égaliser un peu plus la formation des capsules, et la maturité devient un peu plus uniforme.

Lorsque les premières capsules commencent à éclater, il est temps de faire la récolte sans attendre la maturité de toutes les capsules sur le pied, parce que ne murissant pas simultanément, on perdrait alors beaucoup de graines. On coupe les tiges ras terre plutôt que de les arracher ; ce dernier moyen met toujours une certaine quantité de terre dans la graine, qu'il est très-difficile de faire partir.

Au fur et à mesure que l'on coupe, on amasse les tiges sur un coin du sol bien battu, ou mieux, sur une grande toile, on les laisse ainsi en tas qui ne doivent pas être assez gros pour que la fermentation s'établisse, jusqu'à ce que toutes les capsules soient mûres, et que celles de l'extrémité des tiges s'ouvrent au moindre choc, alors par un léger battage, on obtient facilement toutes les graines, qu'on nettoie par les moyens ordinaires.

La graine de sésame contient 0, 51 à, 0 53 d'huile, et donne de 46 à 48 pour 100 aux manufacturiers. MM. de Gasparin et Payen ont prouvé que le tourteau, résidu de l'extraction de l'huile, est un aliment très-favorable à l'engraissement des animaux et à la production du lait des vaches.

On se fera une idée de l'accroissement des industries qui s'exercent sur les huiles, en considérant que les importations de graines oléagineuses, lin, sesame, coton etc., équivalant à moins de 1,500,000 kilogrammes en 1833, se sont élevées à plus de 60,000,000 de kilogrammes en 1843, sans que la culture indigène des plantes oléifères fût notablement diminuée. On ne saurait disconvenir en tous cas, de l'intérêt que présenteront les essais de culture ayant pour but de subvenir à ces énormes consommations.

Les recherches expérimentales faites à la Pépinière d'Alger portent le produit d'un hectare de terre cultivé en sésame à . . . . 1,475 kil.

Cette graine à 50 f. les 100 kilogrammes représente une valeur de. . . . .   707 f. 50
D'où déduisant les frais de culture. . .   259

Le produit net serait de. . . . .   478 f. 50

et le placement deviendrait d'autant plus facile que les nombreux bâtiments qui retournent à Marseille, sur leur lest, offrent un fret à bas prix.

ARACHIDE.

L'Arachide qui est une plante de la famille des légumineuses, a la singulière propriété de plonger ses ovaires en terre, dès qu'ils sont fécondés ; les fruits se développent dans cette position, et au premier aspect on les prendrait pour des tubercules ; il faut à cette palnte pour qu'elle produise convenablement, une bonne terre friable, sableuse, fraîche ou arrosée en même temps que récemment fumée ou au moins n'ayant produit aucune récolte épuisante. Elle craint beaucoup le froid, aussi, on ne peut la semer que vers la fin d'avril. On sème en ligne, dans des rayons espacés de 0,50 c. l'un de l'autre, on espace les graines sur la ligne de 10 à 15 centimètres.

Il faut de fréquents binages, entretenir la terre bien meuble et rechausser ou butter la plante en formant un petit billon sur la ligne, de manière à ce que les ovaires n'éprouvent aucune difficulté à s'enfoncer dans le sol, et puissent s'y développer facilemennt.

La récolte se fait à la fin de l'été, lorsque les feuilles commencent à jaunir ; le rendement peut être de 1,500 à

2,000 kilo. par hectare. Cette graine rend de 40 pour cent d'huile; il faut environ 5 décalitres pour ensemencer un hectare.

HÉLIANTHE.

Tout le monde connaît le tournesol ou hélianthe; cette belle plante vient ici admirablement et produit une énorme quantité de graines qui contiennent en abondance une huile douce et agréable. Elle se sème en mars, de manière à ce que les plantes soient espacées à 0,50 cent. en tous sens.

RICIN.

Le ricin se sème à la même époque, il faut l'espacer au moins d'un mètre en tous sens, dans un terrain profondément labouré.

Cette plante dure plusieurs années, et donne une grande quantité de graines dont l'huile est utilisée par la médecine et pourrait servir aux fabrications industrielles.

La récolte est continue et se fait à peu près en tout temps. Lorsque les capsules qui contiennent les semences commencent à blanchir, on coupe tout le thyrse ou épis qui soutient tout le système de fructification, et on l'étend au soleil pendant plusieurs jours; les capsules s'ouvrent d'elles-mêmes et on obtient ainsi la graine nette sans efforts.

A. HARDY,

Directeur de la Pépinière centrale du Gouvernement.

CONSIDÉRATIONS

SUR LA

FABRICATION DES HUILES FINES

Et sur les avantages de greffer les pieds des oliviers indigènes avec les variétés cultivées en Europe, pour améliorer, au besoin, d'une manière prompte et économique, cette branche d'économie rurale.

Dans tous les pays où l'on cultive l'olivier, dans les régions même tropicales où cet arbre précieux vient sans culture, comme en Syrie, dans les déserts de la Lybie et de l'Ethiopie, son pays originaire, quelle que soit enfin la latitude du pays, la nature du sol, son exposition et les variétés de l'arbre, en un mot, partout où l'olivier donne des fruits à 1⟨6 seulement de maturité, on peut faire de l'huile, sinon surfine, au moins bonne à manger.

La différence qui existe entre les diverses qualités de l'huile, dépend moins des climats, des diverses influences du sol et de la maturité des fruits que de la manière de

préparer l'huile. Si après avoir gaulé et ramassé les fruits, on les laisse entassés pendant quelque temps, ils subissent une fermentation et l'huile est toujours de qualité inférieure, à ne pouvoir même servir que pour les arts, si l'altération est profonde ; si, au contraire, on détrite les olives de suite après la cueillette ou peu de jours après, on fera toujours de l'huile mangeable plus ou moins fine, selon le degré d'influence des causes précitées et selon aussi que les fruits sont plus ou moins saisis par des causes climatériques ou attaqués par le ver destructeur, le keïron.

Presque dans tous les pays où l'olivier n'occupe pas le premier rang dans l'échelle des productions territoriales, indépendamment de la fabrication de l'huile qui est mal faite ou peu soignée, on croit qu'en laissant les olives entassées, pour qu'elles s'échauffent, elles donnent une plus grande quantité d'huile ; c'est un préjugé qui a de graves résultats.

On ne calcule pas qu'alors les fruits, en se desséchant, diminuent de volume et que si une quantité de ces olives produit comparativement plus d'huile qu'un égal volume, après qu'elles ont été cueillies, c'est qu'elles sont devenues plus petites et tout en admettant que les olives donnassent un peu plus d'huile, ce qui, au reste, a été démenti par l'expérience qui prouve que l'huile est au contraire en moindre quantité, il y aurait encore à considérer que l'huile est très-inférieure en qualité et par conséquent en valeur. C'est à cette pratique, entée sur un préjugé vulgaire, répandu dans quelques pays du comté de Nice et de la Provence, en Espagne, en Corse, en Sicile et en Afrique, qu'est due l'infériorité des huiles de ces contrées.

La propreté de la pile, du pressoir, des sacs de sparte,

celle des ustensiles destinés à recevoir et à conserver l'huile, le transvasement de ce liquide pour le séparer des fras qu'il dépose en quantité, ne contribuent pas moins à sa bonne qualité, car de la propriété que l'huile a de dissoudre un grand nombre de corps, il résulte qu'elle contracte aisément du mauvais goût, du rance et de l'âcreté. Il n'y a pas jusqu'à l'eau bouillante, qui sert à détremper la pâte et à laver les sacs de sparte (spartini), qui n'altère sensiblement l'huile ; aussi, pour préparer la superfine, improprement appelée l'huile vierge, il vaut mieux se servir de l'eau froide ou n'en pas employer du tout ; l'huile qu'on prépare par la seule pression de la pâte et sans le secours de l'eau, est toujours plus fine.

C'est un fait sanctionné par l'observation et l'expérience, que du concours d'une ou de plusieurs de ces causes dérivent les différentes nuances qu'on remarque dans la saveur, la couleur et la limpidité de l'huile. De là, la distinction et la dénomination que dans le commerce on fait des qualités des huiles, la commune mangeable ordinaire, la mangeable, la bonne mangeable supérieure, la mi-fine, la surfine et celle pour les arts.

, Donc, le premier soin qu'on doit apporter à la fabrication de l'huile est celui de ne pas laisser fermenter les fruits entassés ; ce précepte est la base fondamentale pour améliorer cette branche d'économie rurale et industrielle. Il n'y a nul doute que si en Algérie, par exemple, où l'huile ne sert que pour les arts, on pratiquait cette méthode, si on hâtait, dis-je, la fabrication des huiles en substituant, au besoin, la rapidité des cylindres à la lenteur de la meule, et le pressoir hydraulique au pressoir ordinaire, on ferait de l'huile qui pourrait soutenir la comparaison avec les huiles fines de l'Italie et de la Provence. Aussi, depuis

qu'on a abandonné dans le royaume de Naples le préjugé détestable de laisser fermenter les olives, on y prépare des qualités d'huiles que des négociants peu consciencieux livrent dans le commerce comme huiles de Nice et de la Ligurie, avec lesquelles on les mêle aussi, ce qui, soit dit en passant, ne contribue pas peu à faire déprécier à l'étranger les huiles de ces pays, qui, par la nature du climat et par les influences mystérieuses du sol, ont une supériorité incontestable sur les huiles qu'on prépare partout ailleurs (1).

Dans le cas où le Gouvernement français, toujours animé du désir de mettre plus avantageusement à profit les secours agricoles, daignerait accueillir favorablement ce faible travail, qu'il mettrait en exécution le projet de donner en Algérie plus d'essor à l'agriculture, et d'y étendre la culture de l'olivier, le premier essai à faire, serait : 1° de faire fabriquer l'huile par des personnes capables, d'après les procédés que nous venons d'indiquer ; 2° de tenir compte de la quantité et qualité d'huile qu'on retirerait des fruits de chaque espèce ou variété, pour pouvoir juger, avec connaissance de cause, des produits, et pour fixer les espèces ou variétés d'olivier à cultiver de préférence aux autres ; et si, malgré les soins que nous conseillons de donner à la confection des huiles de ce pays, la qualité ne fût

---

(1) On cultive, en Provence et dans les montagnes du comté de Nice, une variété d'olivier, appelée *araban* ou *darabanc*, dont les fruits ne donnent, dit-on, qu'une très-petite quantité d'huile, si avant de les détriter on les laisse fermenter. Je n'ai jamais eu occasion de constater ce fait ; mais des cultivateurs instruits m'ont assuré que c'est seulement lorsque l'olivier araban est en sève, c'est-à-dire lorsqu'il commence au printemps son cours périodique de végétation, que la séparation de l'huile des matières albumineuses et fibreuses s'opère très-difficilement, à moins que les fruits n'aient subi une altération par l'effet de la fermentation.

pas améliorée suffisamment, alors, au lieu d'y transporter des plants des variétés d'oliviers cultivés en Europe, il serait plus convenable, sous le rapport de la dépense et pour améliorer en peu d'années cette branche d'économie rurale, de faire greffer les principales branches de quelques centaines de pieds d'oliviers indigènes avec des greffes des espèces ou variétés cultivées en Europe, qu'on y transporterait dans des caisses, ayant soin de disposer les greffes par couches alternées avec de la mousse ou du sable humide. Les mêmes personnes que le Gouvernement enverrait pour enseigner la fabrication de l'huile seraient chargées de surveiller cette autre importante opération pour que les arbres fussent entés en temps propice et avec tous les soins que ce travail réclame.

Dans une question aussi vitale que celle d'améliorer en Algérie la qualité des huiles, et d'étendre dans cette vaste contrée la culture de l'olivier, nous devons faire observer qu'il faudrait, de toute rigueur, y transporter quelques pieds des espèces ou variétés d'Europe, pour avoir des greffes sur les lieux, dans le cas seulement où, sous le climat très-chaud de l'Algérie, la végétation des arbres étant plus précoce et plus avancée, comparativement à ceux d'Europe, les greffes ne reprissent, car, pour qu'elles ne manquent pas, il faut que les arbres qu'on veut greffer soient, autant que possible, en sève et en végétation au même degré que la branche ou l'œil qu'on veut enter.

Dans un plan d'exploitation de terres de l'Algérie par la culture de l'olivier, qui de tous les arbres économiques serait, sans contredit, celui qui donnerait les produits les plus riches, nous ferons observer que parmi les nombreuses variétés de cet arbre, le pleureur ou à rameaux pendans, connu à Nice sous le nom vulgaire de *pendouglié* ou de

neustral, serait celui à cultiver de préférence, parce que c'est la meilleure variété qui existe sous le rapport de la quantité de fruits et de la bonté de l'huile, et encore parce que c'est celle qui conserve, dans tous les pays où on la cultive, le plus de stabilité dans le produit ou dans ses caractères distinctifs. Cependant, si le Gouvernement se décidait à mettre en œuvre tous ses moyens d'action pour donner en Algérie une grande extension à la culture de l'olivier, il serait très-important qu'il y établît une ferme-modèle dans laquelle on cultiverait toutes les espèces ou variétés de l'olivier qui existent en Europe ou en Afrique, pour déterminer, avons-nous dit, par des expériences comparatives, faites sur une grande échelle, les variétés qui donneraient la meilleure huile; car nous devons le dire, il en est de l'olivier comme de la vigne, tout change plus ou moins, quand le climat, la température, l'exposition et le climat changent, port de l'arbre, feuilles, grosseur, maturité du fruit et saveur.

C'est ainsi que les variétés les plus estimées dans un lieu sont regardées comme inférieures dans un autre.

C'est encore par ces causes que la nomenclature de l'olivier change de pays en pays, et même de village en village, c'est-à-dire que la même variété porte souvent différens noms, et que le même nom est appliqué à diverses variétés. Dans l'état actuel de la science, tout ce que l'on sait sur la qualité de l'huile que donnent les fruits des nombreuses variétés de l'olivier, est purement local, c'est-à-dire que l'expérience a prouvé que dans un tel pays, une telle variété y réussit bien, que l'huile est fine; mais on ignore si elle réussit mieux dans une autre localité, ou bien si elle dégénérerait particulièrement sous le rapport de de la qualité de l'huile.

Cette seule considération fait assez vivement sentir le besoin et les avantages de créer en Algérie une ferme-modèle, où les colons apprendraient les meilleures méthodes à fabriquer l'huile, à cultiver, à greffer, à élaguer les oliviers : opérations qui contribuent puissamment à bonifier et à affiner les fruits. Dans cette ferme-modèle destinée, non seulement à fournir aux cultivateurs routiniers, une démonstration pratique et évidente de la supériorité de certains procédés, de certaines méthodes, mais encore à leur livrer *gratis* les greffes des variétés d'olivier reconnues les plus précieuses, on ferait encore, dans l'intérêt de la science et de l'agronomie, une synonimie générale de l'olivier, pour classer et distinguer, par des tables synoptiques, les nombreuses variétés de cet arbre.

Par l'établissement d'une pareille institution, le Gouvernement contribuerait efficacement à l'avancement et au *perfectionnement* de la culture de l'olivier, sans exposer les colons à des déceptions et aux erremens traditionnels ; enfin au point de vue théorique et pratique on aurait sur les variétés de l'olivier, sur la culture de cet arbre et sur la manière de préparer l'huile *des faits bien établis* qui, dans ce siècle de progrès et de positivisme, a dit un grand homme d'état, *sont la seule puissance en crédit.*

Avant de terminer, qu'on me permette une dernière réflexion, non moins palpitante d'intérêt.

L'Algérie est devenue à tout jamais une province française, puisque sa possession, a dit un profond politique et un célèbre historien, est dans les entrailles de la nation. Sous un gouvernement aussi puissant et aussi éclairé que celui de la France, cette vaste et poétique contrée est appelée par la bonté du climat et par la fertilité du territoire, à jouer en Afrique un grand rôle dans l'intérêt de la civilisation et de l'agriculture, en particulier, qui est la base la plus solide de la prospérité des états et de la puissance des sociétés. Or, en favorisant le développement des améliorations et des productions agricoles, on procurera du travail et de l'aisance aux populations rurales dont l'augmentation progressive depuis que la paix générale a changé les destinées de l'Europe, n'est plus en rapport avec les ressources actuelles du sol, en donnant enfin plus d'essor à l'agriculture et aux arts qui en dépendent, on arrêtera ou on diminuera ce penchant des hommes des champs, qui à défaut d'occupation et de moyens d'existence vont encombrer dans les grandes villes les arts industriels et la domesticité, ou se précipitent vers d'autres genres de travaux, qui sous les points de vue hygiénique, moral et social, ne sauraient avoir la prééminence sur les intérêts agricoles, qui sont le premier fil conducteur de la colonisation, de la moralité et de la richesse des nations (1).

ROUBANDI (de Nice).

(1) M. le maréchal duc de Dalmatie, a donné des instructions pour que des écoles d'oliviers, des meilleures variétés, fussent installées dans les pépinières du Gouvernement, notamment dans la Pépinière centrale. Il a fait venir, à cet effet, d'Italie, d'Espagne et du midi de la France, des plants des meilleures variétés propres à ces pays. Il s'est occupé, en outre, des mesures à prendre pour l'introduction en Algérie de quelques moulins à huile perfectionnés.

CULTURE DU CARTHAME

OU

SAFRAN BATARD.

Le carthame, *carthamus tinctorius* (Linn.), est une plante annuelle de la famille des *cinarocephales* et de la classe *singenesia*, ordre *poligamia*, système sexuel de Linnée.

Son sol natal est celui de l'Egypte, elle est presque naturalisée en Europe où elle se cultive depuis longtemps, autant pour l'ornement des jardins que pour le profit que l'on retire de ses fleurs ; en Espagne, en France, en Allemagne, on la cultive principalement à cette fin. Chez nous elle n'a point encore été introduite ; si ce n'est dans les jardins d'agrément et les jardins botaniques.

Sa racine est chevelue et conique, sa tige simple d'abord lse ramifie, croît ensuite jusqu'à la hauteur de deux palmes (un demi-mètre) ordinairement et s'élève même jusqu'à trois par des circonstances favorables. Ses feuilles son ovales, alternes, dentelées et épineuses, ses fleurs solitaires à l'extrémité des branches, de couleur jaune rouge, passent à l'amaranthe dans leur maturité.

Le terrain propre à cette plante est le terrain calcaire ocré, ni compact ni stérile. Une terre brisée permet à la racine de pénétrer plus facilement dans les couches infé-

rieures pour y chercher un aliment convenable. L'ocre
fournit la matière colorante plus forte et en quantité plus
grande. Le trop d'humidité favorise la végétation de la
plante, mais raréfie le suc colorant, elle rend les fleurs
plus susceptibles de se gâter. Si cependant le terrain était
trop aride, cette plante d'été ne trouverait pas suffisamment à s'alimenter. Telles sont les conditions nécessaires
à la prospérité du carthame. Il se contente toutefois de
toute espèce de terrain, pourvu cependant qu'il ne soit pas
trop aride et stérile. J'en ai obtenu de belles plantes dans
les lieux les moins favorables à toute autre espèce de culture, dans le jardin agraire de la Société économique de
la terre d'Otrante, avec le seul secours d'une petite quantité de fumier convenablement mêlé avec la terre.

Il est nécessaire, cependant, qu'il ait une exposition
méridionale et disposée de manière à recevoir le soleil.
L'ombre est nuisible à la vigueur de sa végétation, tout
aussi bien qu'à la qualité de ses fleurs, elle rend plus
rares leurs parties colorantes, et en retarde la maturité.

Les travaux de préparation nécessaires à la terre destinée à la culture du carthame, se réduisent à un simple
retournement du terrain, plus ou moins profond, suivant
sa qualité et ses cultures précédentes.

La saison propice à la semaille du carthame est celle
du mois de mars, et de presque tout le mois d'avril (1).
Dans les pays où les gelées se prolongent, et où elles ont
coutume d'être trop intenses, il est nécessaire d'en laisser
passer l'époque, car elles pourraient nuire aux jeunes
plantes. En cela, comme pour toute autre culture, il faut

______

(1) En Algérie la saison la plus favorable pour la semaille
est au mois d'octobre.   A. H.

bien observer le cours périodique des astres. Aussi arrive-t-il qu'à Marseille on sème en avril, et sous le climat de Paris, au mois de mai. Dans les parties orientales on sème en mars, mais dans nos climats, il n'est pas nécessaire de se conformer strictement à cette obligation, les gelées n'étant pas en général trop intenses, si l'on en excepte quelques cas et quelques provinces du royaume, comme la Calabre et les Abruzzes. Néanmoins, ce n'est pas une plante aussi délicate qu'on pourrait le supposer, je ne l'ai jamais vue périr, soit qu'elle fût née d'elle-même en automne, et ainsi exposée à toute la rigueur des gelées d'hiver, soit qu'après avoir été semée en mars, il soit survenu des gelées.

On jette la semence à la volée et de manière à ce qu'il n'en sorte pas plus d'une touffe à une palme de distance l'une de l'autre ; à cette fin, les plantes, une fois sorties et fixées en terre par leurs racines, devront être séparées dans les endroits où elles se trouveraient trop épaisses. Cette opération peut se faire en même temps que le sarclage.

Dans le cas où elles laisseraient des vides, on pourra les remplir par une transplantation, opération à laquelle cette plante résiste très-bien lorsqu'elle est faite en temps opportun. Cependant elles ne sortent pas toujours aussi vigoureuses que celles qui poussent sur la terre où elles sont nées ; excepté le cas où une pluie favorable et des journées un peu fraîches favoriseraient la transplantation.

Lorsque les plantes auront atteint une hauteur de 4 ou 5 pouces, il est nécessaire de remuer la terre avec le sarcloir et de rechausser les plantes. Cette opération, répétée un mois après, serait très-favorable.

Entre la fin de juin et les premiers jours de juillet, commence la floraison du carthame ; alors il faut être prêt à en cueillir les fleurs bien ouvertes, quelque peu avant qu'elles n'arrivent à se faner, et toujours après le passage de la rosée. Il est ici essentiel de signaler une erreur des agronomes français qui conseillent d'enlever les fleurs à peine épanouies, regardant comme nuisible qu'elles restent exposées au soleil, circonstance qui non-seulement me semble contraire à l'effet d'obtenir des fleurs mûres et bien saturées de parties colorantes, mais dont le résultat m'a été contredit par l'expérience.

Avec cela, nous ne disons pas d'attendre qu'elles soient complètement fanées, ce qui serait tomber dans l'excès contraire. Il y a deux manières de procéder à la récolte des fleurs. Elles consistent ou à enlever de la plante les fleurs parvenues à leur meturité et à les dépouiller chez soi, ou à les effeuiller sur la plante elle-même. Dans le premier cas on la soulage d'un poids, et les fleurs tardives ou secondaires naissent plus nourries et plus chargées en couleur, dans le second cas on aurait l'avantage d'obtenir en même temps des fleurs et des semences belles et parfaitement mûres. Ne pouvant cependant obtenir l'un ou l'autre résultat également parfait, il faut suivre le conseil de son intérêt et de l'économie, et savoir apprécier, comme le meilleur, le parti que l'on pourra retirer des semences ou des fleurs. Nous étant attaché principalement à ce dernier essai, dans ce moment, il nous est impossible de ne pas recommander la première de ces deux méthodes. On emploie à cette opération, des enfants ou des femmes, ce qui la rend très-peu coûteuse. Il est certains pays de notre royaume où cette classe reste presque entièrement inoccupée pendant les mois de juillet et d'août, ce qui fait revenir, de cette manière, la main-d'œuvre à très-bon compte, en même temps qu'elle utilise, pendant certaines heures du jour, les bras oisifs des mêmes familles qui les cultivent, ou des enfants vagabonds.

A mesure que les fleurs se ramassent, on doit les déposer dans un lieu sec, aéré et abrité du soleil pour les faire sécher. Ainsi, il faut avoir soin de ne pas les tenir amoncelées, mais écartées le plus possible. Il ne convient pas non plus de mêler celles qui ont été cueillies les dernières avec celles du jour précédent. Lorsqu'elles sont complètement sèches, on les conserve dans des sacs ou dans des caisses, en ayant la précaution de les écarter de temps en temps et de les exposer à l'air pendant une journée pour les remettre de nouveau dans leurs sacs après les avoir tamisées. Cette précaution est essentielle pour la purger d'une espèce de mite de la famille des géomètres, dont le ver attaque et détruit le germe du carthame. Avec les soins que nous venons d'indiquer, le carthame, tenu en lieu sec et frais, se conservera pendant plusieurs années.

Puisque nous en sommes à parler des insectes nuisibles à cette plante, il est bon de signaler aussi une espèce de fourmi qui attaque les graines pendant qu'elles sont encore dans le calice, et même avant. Cet insecte est le *curculio carthami*, décrit par Olivier, et trouvé par lui-même, en Égypte, patrie de la plante en question. Les graines portent ainsi le germe de cet insecte destructeur, et je l'ai trouvé à Leccé où j'ai cultivé le carthame. Afin d'éloigner, autant que possible, cet insecte, il est bon d'exposer au soleil, pendant quelques jours, avant de les mettre en réserve, les graines déjà nettoyées, et de choisir pour les semailles, les plus saines et les plus pures. A cet effet, il faudra laisser intactes, sur les plantes les plus vigoureuses, quelques-unes de leurs plus belles fleurs, dont on obtiendra une semence plus nourrie et plus saine.

Les fleurs du carthame sont livrées au commerce pour l'usage des établissements de teinture. Elles se composent de deux principes colorants, l'un jaune, l'autre rouge. On attache peu d'importance à la première, que fournissent en quantité beaucoup d'autres végétaux indigènes; mais la seconde est très-estimée pour la belle couleur rose qu'elle fournit à la teinture de la soie et du coton. Ne nous occupant ici que de la partie agraire de ce produit, nous ne parlerons pas des procédés au moyen desquels on extrait et on réduit ces couleurs. Nous devons seulement dire que le beau rouge qu'elle donne est employé dans les manufactures de soieries à cause de son brillant à l'épreuve des acides, capable même de résister aux alcalis, à l'action desquels il pourrait par hasard être soumis, autant cependant que les soieries ne seraient pas tissues pour être mises en lessives. Toutes les fabriques de teinture de l'Europe, l'emploient généralement et avec succès, on en fait même usage dans nos fabriques. Il provient de l'Egypte et de l'Espagne. Celui que cultive la France ne suffit pas à ses besoins, et elle paie à cet effet d'énormes sommes à l'Allemagne qui lui fournit le surplus nécessaire à sa consommation. Le rouge du carthame isolé peut se conserver ou liquide ou sec. Dans ce cas, il est connu sous le nom de carmin, peu différent de celui qu'on retire de la cochenille, et dont on fait usage pour la peinture et la miniature. Le plus beau rouge pour fard se forme, avec ce précipité, par un procédé très-simple; on sait que les Indiennes en ont toujours fait usage pour se colorer les joues et les lèvres.

Les graines renferment une forte quantité d'huile, et lorsqu'elle est rare, en l'extrayant des graines, on peut tirer un très-bon parti du carthame. Il serait contraire à l'économie de notre commerce des huiles, de conseiller la même chose dans nos pays. Ils contiennent aussi un principe purgatif, et autrefois la pharmacie les employait avec succès. L'usage de ces graines pourrait, à cet égard, suppléer avantageusement à celui de l'huile de ricin ; et sous le point pharmaceutique, les fleurs, tout aussi bien que les semences ont une vertu diurétique, mais pour le moment elles ne sont pas mises en usage. Les perroquets la mangent avec avidité, et en France on les connaît sous le nom trivial de graines de perroquet.

La valeur du carthame dans le commerce, varie selon la quantité des consommateurs, comparativement à l'abondance de la denrée. Du prix de 80 ducats (352 fr.) la cantare, elle remonte ordinairement jusqu'à 180 (792). Et ici il faut avertir que le carthame provenant de l'Egypte, renferme ordinairement beaucoup plus de matière colorante que celui d'Espagne. Le nôtre en comparaison s'est trouvé rendre la moitié ; plus tard sa valeur s'est définitivement arrêtée à ce calcul. Malgré cela, la culture du carthame est très-lucrative sous tous les rapports. En se remettant, en effet, sous les yeux le résultat des expériences faites et réitérées par moi, il résulterait que chaque tomolo de terrain contenant 90,000 p. c. produirait 497 livres, égales à 187 rottoli, qui, à la moyenne déjà mentionnée de 40 ducats la cantare (ou 176 fr.), vaudraient de 74 à 80 ducats (environ 352 fr). Cette rente, quelque exagérée que l'on puisse la supposer, sera toujours supérieure en produit à quelque espèce de denrée que ce soit, en calculant même au plus haut prix la valeur du terrain et de la main-d'œuvre ; sans parler encore des semences et des racines qui fournissent d'excellentes broussailles très-recherchées dans les pays où manque le combustible.

Il ne faut pas oublier non plus également que le carthame provenant de l'extérieur est souvent mélangé avec mille matières hétérogènes, et souvent encore altéré par un long emballage. Le nôtre, pour cette raison, deviendrait très-recherché à cause de sa fraîcheur et de l'absence de toute fraude, comme il faut le supposer ; et ainsi peut-être pourrait-on accroître au-delà de la moitié, la valeur à laquelle on le calcule maintenant. Finalement, il faut tenir compte des améliorations présumables que l'on pourrait apporter à sa culture, en le cultivant sur un terrain plus favorable, puisque les derniers essais faits par moi, ainsi que je l'ai déjà dit, ont eu lieu sur un terrain très-médiocre, chose dont il serait très-facile de se convaincre auprès des membres de la société économique d'Otrante, où j'en ai établi la culture, dans le jardin botanique agraire.

Avant de terminer cette relation, il est essentiel de rappeler qu'une semblable culture ne doit pas être entreprise dans une très-grande extension ; autrement il en résulterait pour elle les mêmes inconvénients dont se ressentent, en pareil cas, toutes les autres : c'est-à-dire que le produit augmente au détriment de la qualité, et cela parce que les soins qu'exige ordinairement cette culture, ne peuvent pas lui être donnés sur une grande surface. Le conseil le plus utile que l'on puisse donner est donc celui de multiplier la culture en détail ; chose facile à tout propriétaire qui pourra, dans sa campagne ou ses jardins, disposer d'un jusqu'à quatre arpents au plus et les affecter à la culture du carthame, en proportionnant toutefois l'étendue au nombre des bras qu'il pourra employer avec économie et succès. Tels sont, par exemple, les enfants de colons et les autres serviteurs de campagne ou les journaliers salariés. De cette manière, cette production obtiendra un heureux succès, et, parvenue à son entier développement, elle suffira aux besoins de notre royaume, compensant par sa réussite le déchet de tant d'autres cultures, qui pour différentes raisons ont mal réussi.

D'ORONZO,

Docteur en médecine, membre de plusieurs Académies du royaume de Naples,

CULTURE DU NOPAL

ET

ÉDUCATION DE LA COCHENILLE.

CULTURE DU NOPAL.

La substance sèche, granuleuse, connue dans le commerce sous le nom de cochenille, et qui sert à la fabrication exclusive du carmin, est, à l'état vivant, un insecte de l'ordre des hémiptères qui vit en parasite sur une plante succulente du genre opuntia.

La cochenille actuelle du commerce est originaire du Mexique; c'est Lopez de Gomara qui le premier, en 1535, donna la description de cet insecte et de la plante qui le nourrit. Avant la découverte du Nouveau-Monde, on employait pour la teinture, la cochenille du chêne (*coccus illicis*), et celle de Pologne, qui vit sur le collet de la racine du *polygonum cocciferum* (Ray). On ignorait alors d'où provenait cette substance, on la croyait une semence de végétal et on la désignait sous le nom de graine d'écarlate. Mais bientôt on n'employa plus que la cochenille du Mexique, dite cochenille fine ou *mestèque*, comme donnant une couleur plus abondante, plus éclatante et plus durable. Son emploi devint tel, qu'en 1760, le seul commerce de Marseille en traitait pour plus de quatre millions de francs, cette consommation a beaucoup augmenté de nos jours.

Il n'est pas d'une bonne économie d'aller chercher ailleurs ce que l'on peut avantageusement obtenir chez soi ; l'Algérie peut dans un petit nombre d'années, arriver à produire ce qu'il nous faut pour notre consommation ; elle peut y arriver, parce qu'au prix actuel de cette denrée, il y aurait un très-beau bénéfice pour le cultivateur, et que le fabricant verrait l'espoir de l'obtenir à meilleur compte.

Cette exploitation, que toute personne habituée au travail de la terre et douée d'un peu d'intelligence peut faire, a donné à la Pépinière centrale du Gouvernement sur le pied de 961 k. 950 grammes par hectare de cochenille sèche et marchande, ce qui, en supposant la vente à 20 fr. le kilo, et en défalquant tous les frais, donnerait le bénéfice net 9,776 fr.

La cochenille mestèque ne peut être qu'une variété de la cochenille silvestre (*coccus sylvestris*), améliorée par la domesticité. Il est évident que la cochenille sauvage, qui vit au hasard, exposée à toutes les intempéries, à tous les accidents, sur des plantes maigres, doit s'améliorer étant transportée dans un jardin, entourée de soins, vivant sur des plantes saines auxquelles la culture a donné toute la vigueur.

Toutes les personnes qui ont traité de la cochenille se sont plues à représenter cette éducation comme hérissée de difficultés, plusieurs sans le vouloir sans doute, ont effleuré le charlatanisme : cependant, en pratique saine et raisonnée, il n'est pas besoin de moyens aussi abstraits, on en sera surtout convaincu, lorsqu'on saura que cette éducation est de bien des fois moins difficile qu'une éducation de vers à soie.

La cochenille mestèque vit spécialement sur l'*opuntia cochenillifera* (Miller), appelé au Mexique nopal de Castille. Ce surnom, que les Castillans, par orgueil national , lui ont donné, lui vient de ce qu'il a été trouvé supérieur à ses congénères pour la nourriture de la cochenille. C'est sur ce nopal en effet que la cochenille mestèque est devenue ce qu'elle est, de cochenille sylvestre qu'elle devait être auparavant.

Je n'entrerai dans aucun détail au sujet des diverses espèces de nopals qui peuvent nourrir la cochenille ; mes expériences sur ce point sont tout-à-fait d'accord avec ce qu'en dit M. Thierry de Menonville dans son ouvrage intitulé : *Traité de la culture du nopal et de l'éducation de la cochenille*, tome second, page 236 et suivantes ; je me contenterai de dire, qu'aucune espèce connue n'a au même degré les qualités acquises au nopal de Castille. Les uns pèchent par un épiderme trop épais et trop dur, qui oppose une cuirasse invulnérable aux suçoirs de jeunes insectes ; d'autres hérissées de nombreux faisceaux de longues épines, présentent une dangereuse armure au travailleur ; aucune ne possède ce velouté, ce moëlleux qui font les principales qualités du nopal de Castille et sur lequel les jeunes progallinsectes se plaisent et prospèrent.

Le nopal de Castille a les articulations ovales oblongues, d'une moyenne grandeur, elles sont garnies à l'endroit des gemmes, de plusieurs épines de petite dimension, dont une est toujours plus longue ; au centre de ces épines il y a un faisceau de soies aiguës, le tout est maintenu dans une petite cavité et s'en détache facilement au moindre choc. Chaque emplacement des gemmes, d'où sort ou une fleur ou un bourgeon, est marqué au commencement de la naissance du bourgeon d'une stipule qui tombe lorsque celui-ci a pris tout son développement, pour faire place aux faisceaux d'épines et de soies, qui tombent à leur tour lorsque l'article vieillit et qu'il se recouvre d'une écorce épaisse et rugueuse.

Les articles d'un à deux ans ont un épiderme recouvert d'un duvet laineux, très-court et très-serré, qui ressemble, au toucher, à du velours très-court; le peu d'épaisseur de cet épiderme et sa composition d'un tissu lâche sont très-favorables au progallinsecte, qui s'y attache et s'y fixe sans difficulté.

Les fleurs sont de couleur sanguine, auxquelles succèdent des fruits de médiocre grosseur, colorés, à l'intérieur, d'un rouge violacé très-intense qui paraît contenir des traces de carmine. S'il en était ainsi, le principe constitutif du carmin se trouverait dans la plante et ne serait qu'élaboré par l'insecte.

Les opuntias, aussi bien que toutes les plantes succulentes en général, par la masse des sucs mucilagineux dont ils sont pourvus, sont organisés pour résister à la plus grande sécheresse, et vivre dans les endroits les plus arides, où la plupart du temps ne résisteraient pas les végétaux foliacés ordinaires ; sous ce rapport, le climat de l'Algérie convient on ne peut mieux à ces sortes de plantes, et le genre opuntia y prospère d'une manière remarquable. La réunion en culture des opuntia propres à l'éducation de la cochenille, se nomme une nopalerie ; je vais tâcher de décrire toutes les opérations qui se rattachent à cette exploitation.

CHOIX DE L'EMPLACEMENT.

Pour former une nopalerie de n'importe quelle dimension, il faut choisir un terrain tout-à-fait ouvert, c'est-à-dire où il n'y aura pas d'arbres ni d'autres obstacles ; il faudra toujours le placer de manière à ce que l'ombre des corps voisins ne vienne pas, en aucun temps, se projeter sur la plantation. Il faut qu'il soit abrité aussi complètement que possible de l'action terrible des vents d'ouest; une colline, une construction, un massif d'arbres assez épais peuvent être des abris suffisans. Il est encore urgent que les autres points de la nopalerie soient entourés d'une haie, autant pour rompre les courants d'air que pour arrêter l'invasion des bestiaux qui feraient de très-grands ravages en peu de temps, car c'est un bien grand régal pour eux, qui pendant l'été n'ont à manger que de la broussaille, que les jeunes pousses inermes du nopal. Les haies devront servir et d'abri et de défense; dans le premier cas, leur parcours ne devra pas s'étendre au-delà de la circonférence d'un hectare, il faudra multiplier l'enceinte chaque fois qu'on aura cette mesure à mettre en culture, c'est-à-dire que le cultivateur qui voudra entreprendre une exploitation de plusieurs hectares, devra entourer chaque hectare d'une haie; si cette enceinte renfermait une plus grande surface, elle ne produirait plus l'effet qu'on en attend.

Les haies les moins dispendieuses à établir, et les plus profitables, sont celles faites en roseaux (*arundo donax* et *arundo mauritanica*); il s'agit, pour l'établir, d'ouvrir une tranchée droite, large et profonde de 50 centimètres, d'y déposer près à près les rhizomes ou souches des roseaux, et remplir la tranchée. La même année on a une haie qui abrite et défend l'exploitation, dont les jeunes pousses qui s'écartent trop peuvent servir de fourrage, et les tiges adultes trouvent leur emploi dans l'exploitation de la nopalerie; le surplus peut servir à une foule d'usages et se vend aux fabricants de paniers.

Le sol qui doit recevoir une nopalerie doit être d'excellente qualité dans l'acception du mot, ni trop léger, ni trop compacte, dans la composition duquel l'argile végétale prédomine, et dont la fertilité est constatée par la vigueur des plantes qui y croissent spontanément; autrement on s'exposerait à de terribles mécomptes, et, bien qu'on puisse penser que le nopal résiste dans les terrains de médiocre qualité, cela serait bien s'il n'avait pas à alimenter des parasites; mais dans ce cas, ce n'est pas trop de lui donner une végétation luxuriante en même temps que robuste. En conséquence, on ne choisira pas un terrain trop en pente, susceptible de trop se dessécher pendant l'été; il faut aussi éviter le fond des ravins ou toutes les eaux des terrains supérieurs viennent aboutir et qui contiennent trop d'humidité. Les terrains légèrement inclinés, à la chute des grandes déclives, et les terrains plats, mais abrités, conviennent le mieux. Il serait avantageux d'avoir à sa disposition un puits à noria ou un ruisseau pour donner quelques irrigations pendant la plus grande sécheresse. Il n'est pas hors de propos de recommander d'installer son exploitation à proximité du travail; les colons qui voudront se livrer à cette industrie feront bien d'établir leur nopalerie attenant à leur habitation autant que possible.

DISPOSITION DU TERRAIN, PLANTATIONS, CHOIX DE BOUTURES.

Lorsqu'après un mur examen on est fixé sur l'emplacement que l'on doit adopter, il faut se préoccuper de l'enclore et de le défricher. Ce défrichement doit se faire à la pioche, à cinquante ou soixante centimètres de profondeur, suivant le terrain, et une saison avant la plantation, qui doit se faire en avril, afin que la terre se désagrège et s'ameublisse convenablement; il faut avoir bien soin de purger le sol des pierres et de toutes les racines vivaces des plantes parasites.

Lorsqu'au printemps on a donné deux ou trois labours profonds, jusqu'à ce que le sol soit bien divisé, on nivelle le terrain de manière à pouvoir diriger sans efforts l'eau des irrigations : il faut ne faire, dans cette circonstance, que ce qui est strictement nécessaire pour le libre parcours des eaux ; il ne faut pas s'attacher à faire un nivellement rigoureux qui entraînerait dans des frais ruineux, et qui aurait l'inconvénient d'enlever toute la terre végétale sur les points les plus élevés. Ce travail terminé, on trace sur le sol et au cordeau, des lignes qui courront autant que possible dans la direction de l'ouest à l'est, dont la longeur ne doit pas dépasser 25 mètres. Si, je suppose, le terrain avait 100 mètres de longeur dans le sens des lignes, on diviserait celles-ci en quatre longueurs égales par trois allées d'un mètre et demi de largeur ; cette division est indispensable pour la facilité de la circulation. Ces lignes devront être espacées entre elles de 1 mètre 60 centimètres ; quand ces lignes sont tracées, on marque dans leur sens la place des boutures de nopals à 30 centimètres de distance.

On coupe les boutures à la fin de mars ou au commencement d'avril ; il faut les prendre sur des nopals vigoureux et qui n'aient pas encore nourri de cochenille, les articles où a vécu cet insecte sont épuisés et incapables de donner une belle végétation ; on choisit pour faire les boutures les articles les mieux conformés, ceux qui croissent le plus verticalement, et qui constituent la charpente de la plante.

Il ne faut prendre que ceux âgés d'un et de deux ans ; ceux qui sont plus vieux peuvent néanmoins servir, mais ils ont déjà l'écorce rugueuse et émettent des bourgeons et des racines plus difficilement. Autant que l'on pourra, on rejettera les articles qui croissent horizontalement et ceux qui s'inclinent vers terre ; pour l'ordinaire, ils sont maigrement conformés, et conséquemment peu propres à former une plante vigoureuse.

On détache les articles à l'aide d'un instrument tranchant qui a la forme d'un couteau de table ordinaire, mais un peu plus fort, et dont le manche est plus gros et plus long, afin d'avoir la main à distance des petits faisceaux de soies qui se détachent au moindre frottement, et se logent dans la peau d'une manière très-incommode. Je conseillerais aux personnes douillettes de mettre des gants de peau toutes les fois qu'il faudra travailler après les nopals. Chaque bouture ne sera composée que d'un seul article, afin que l'équilibre soit mieux établi dans la plante future. Au fur et à mesure qu'on les coupera, on les sortira du carré, et on les empilera par séries, de manière à ce que toutes les plaies soient apparentes et reçoivent directement l'action de l'air, afin qu'elles se cicatrisent promptement.

Lorsque les plaies des boutures sont bien sèches, on les distribue à chaque place qui leur est destinée, on replace le cordeau, et à chaque marque on fait une petite fosse avec une petite pioche ou une houlette, on enfonce la bouture à moitié de sa longueur en terre, en ayant soin de mettre la largeur parallèlement à la ligne, puis on ramène la terre autour et on l'appuie avec le pied, afin que la bouture soit solide et bien fixée au sol.

SOINS A DONNER AUX NOPALS.

Il ne faut jamais laisser croître de mauvaises herbes dans la nopalerie, ni jamais laisser la terre se durcir. On devra donner des binages chaque fois que l'herbe se montrera ou qu'une croûte se formera à la surface du sol. Chaque printemps on donnera un piochage ou labour superficiel, en ayant soin de ne pas remuer la terre au pied de la plante, autrement, perdant son point d'appui, elle ne tarderait pas, entraînée par la pesanteur de ses rameaux, à se coucher sur le sol. Il est aussi très-important de ne pas blesser la base du nopal avec les instruments de culture, il en résulterait infailliblement des pourritures qui entraîneraient sa perte.

Lorsqu'il fait sec, il est bon d'arroser de temps à autre la nopalerie, si on en a le moyen, mais il faut ne le faire qu'avec mesure, parce que des arrosements trop fréquents et trop abondants, outre qu'ils pourraient occasionner la pourriture de la base des nopals, auraient encore l'inconvénient d'exciter par trop la végétation, ils n'auraient plus la force de se soutenir, et s'affaisseraient sur eux-mêmes. Il faut bien se garder d'arroser une nouvelle plantation avant qu'elle n'ai fait des racines et que ses bourgeons soient déjà à moitié développés, l'humidité, dans ce cas, ne manqueraient pas de faire fondre un grand nombre de boutures. Quand les boutures ont terminé leur première pousse, il faut supprimer tous les bourgeons mal placés, c'est-à-dire ceux qui naissent sur la surface plane, parce qu'ils restent toujours maigres, on conservera, au contraire ceux qui se développent sur les bords, on n'en laissera que trois, ou au plus quatre, et de préférence ceux qui se trouvent au sommet. On continue ces mêmes soins jusqu'au moment de mettre les mères cochenilles, ce qui a lieu dans le courant de la troisième année. A la fin de la seconde année, les nopals doivent avoir poussé quatre articles superposés. Il faudra alors se procurer des mères cochenilles pour l'éducation d'hiver, dans le but seulement d'avoir au printemps une bonne provision de mères, et faire, au retour du beau temps, une éducation qui n'exigera pas les mêmes soins ni les mêmes précautions que celle d'hiver.

Pour l'intelligence de ce qui va suivre, il est bon de dire que l'on doit distinguer deux sortes d'éducation, celle d'hiver et celle d'été. L'éducation d'hiver se fait au moyen d'abris, est conséquemment dispendieuse, et ne doit avoir pour but que la conservation et la production des mères pour les éducations d'été; on ne devra soigner de cette manière que ce qui est nécessaire pour l'éducation du printemps; la production pour la vente serait bien moins productive que celle qui vient à l'air libre pendant l'été.

Les mères cochenilles se mettent sur les nopals au mois de septembre pour l'éducation d'hiver; on détache les nouvelles mères fin d'avril ou au commencement de mai, qu'on replace aussitôt pour garnir de nouveaux nopals et faire la première éducation, qui se récolte fin juin ou commencement de juillet; on réserve une portion de cette récolte pour mères d'une seconde éducation dont la récolte se fait fin août ou courant septembre, le reste, c'est-à-dire la majeure partie, est asphixié puis séché pour le commerce; à la récolte de septembre on fait encore une réserve de mères que l'on place pour l'éducation d'hiver et ainsi de suite. Dans les années favorables, lorsque le printemps sera beau, on pourra faire trois récoltes pendant la belle saison; dans les années ordinaires on n'en peut faire que deux. C'est ordinairement trois récoltes que l'on fait ou trois générations qui se succèdent dans le cours d'une année, y compris l'éducation d'hiver.

La troisième année, les nopals auront environ 1 m. 60 c. de hauteur, on ne doit pas les laisser s'élever davantage. C'est alors qu'il faut les utiliser en mettant des mères dessus. Leurs rameaux sont entrelacés et forment une haie impénétrable. On a le soin d'élaguer tous les rameaux qui sortent des lignes, de manière que cette haie soit partout uniforme en hauteur et en largeur ; cette largeur ne devra pas dépasser 1 mètre 20 c. Si on laissait les rameaux s'étendre indifféremment, il s'en trouverait un grand nombre qui seraient isolés et sur lesquels les insectes ne pourraient aller se fixer ; ces rameaux ont encore l'inconvénient de tomber dès que la plante est fatiguée, et les quelques cochenilles qui se trouvent dessus sont perdues.

La cochenille ne pouvant se fixer que sur les jeunes articles, il n'est pas nécessaire de laisser élever les plantes au-delà de ce qui a été indiqué ci-dessus ; les articles inférieurs se durcissent, prennent une écorce qui ne convient plus, on augmenterait la surface, et conséquemment la difficulté de l'exécution, sans avoir un plus grand nombre d'articles de qualité requise. L'important est qu'ils soient tous garnis d'insectes autant que la plante peut en nourrir, en quantité raisonnée cependant pour qu'elle ne soit pas entièrement épuisée avant le parfait développement des insectes, alors à la récolte, on taille et on recèpe jusque sur le deuxième article au-dessus du sol.

ÉDUCATION DE LA COCHENILLE.

ÉDUCATION D'HIVER.

La saison pour poser les mères cochenilles pour cette éducation, est le courant du mois de septembre ; plus tôt, les cochenilles avanceraient trop et ne pourraient pas attendre le retour de la belle saison pour faire leur ponte ;

plus tard, elles n'auraient pas la force de résister aux intempéries de la mauvaise saison.

On répartit les mères cochenilles sur les nopals au moyen de nids. Ces nids peuvent être faits soit avec un carré de canevas dont on réunit les quatre angles et que l'on fixe au moyen d'une forte épine d'*opuntia ficus indica*, vulgairement figuier de Barbarie, ou d'un carré de cette toile naturelle que l'on trouve à la base des pétioles des palmiers et que l'on attache de la même manière, soit enfin, ce qui convient le mieux, des petits paniers cylindriques faits en feuille de palmier nain (*chamaerops humilis*), deux de ces petits paniers dont les orifices sont mis l'un dans l'autre, prennent la forme d'un étui que l'on maintient sur la plante en le mettant en travers dans les bifurcations des articles. La pose de ces nids est de beaucoup plus expéditive que celles des autres indiqués ci-dessus, on évite avec eux ces piqûres nuisibles à la plante. Je conseillerai donc d'adopter ces nids qui coûtent en Espagne de 25 à 30 fr. le mille, et que d'ailleurs le cultivateur peut faire chez lui avec bénéfice dans les moments perdus.

Ces nids ou étuis sont tressés, mais pas assez serrés, afin de laisser des pertuis pour livrer passage aux larves des cochenilles. On met dans chaque nid dix à douze mères, on le ferme et on le dépose dans un panier. Quand on a chargé une certaine quantité de nids, on les distribue sur les nopals à raison de quatre à cinq et même six suivant la force et la vigueur de la plante. Au bout de huit jours, si les mères ont été mises en bon état, il y a suffisamment de larves de sorties, on le reconnaît lorsque l'on voit qu'il y en a une centaine de réparties sur chaque article, alors on enlève les nids, et on les remet si l'on reconnaît qu'il y a encore des larves vivantes dedans, sur des nopals vierges, mais il faut les mettre beaucoup plus rapprochés. Lorsque toutes les larves sont sorties, on relève les nids, on les nettoie et l'on amasse tous les cadavres des cochenilles mères qu'ils contiennent ; leur réunion se vend sous le nom de cochenille Zaccatille.

Les cochenilles craignent par dessus tout la pluie et le vent, non pas que l'humidité momentanée leur soit positivement nuisible, mais c'est le choc qui leur est contraire, ainsi de simples paillassons suffisent pour les abriter comme il convient. Vers la fin de septembre, il faut songer à faire les abris pour protéger l'éducation contre le mauvais temps. On met pour cela une ligne de piquets de chaque côté de la file de nopals et chaque ligne à 0 m. 60 cent. de leur pied, de manière à ce qu'elle arrive à 5 ou 6 cent. de l'extrémité des articles, ces piquets sont distants entr'eux de 1 mètre sur la ligne, et sortent de terre de 70 à 80 cent., ils doivent être enfoncés de 30 à 40 cent., on y attache avec du fil de fer un cerceau qui passe pardessus la file de nopals et va rejoindre les autres piquets qui doivent se trouver en face, le point le plus élevé de la voûte que forment les cerceaux doit se trouver à 10 cent. plus haut que la sommité des nopals, on relie ces cerceaux pour qu'ils ne vacillent pas avec des coulisses en roseaux attachées avec du fil de fer, une occupe le milieu au sommet, deux autres se partagent le reste de la périphérie. On recouvre le tout de paillassons faits de roseaux de marais (*tipha latifolia*, *scirpus lacustris, juncus effusus*), ou simplement de paille de blé ou de seigle, qu'on laisse retomber de chaque côté jusqu'à 50 cent. de terre. On les fixe au milieu avec un lien, afin qu'on puisse les relever alternativement de côté et d'autre.

On relève les paillassons tous les jours de beau temps

pour donner du jour aux nopals et aux progallinsectes qui les recouvrent, on les rabat chaque soir dans les temps pluvieux, afin de ne pas être surpris pendant la nuit, et le jour quand la pluie menace. Si l'hiver était bien doux : il faudrait ne pas lever les paillassons pendant le beau temps, mais seulement après la pluie pour ressuyer, parce qu'alors les cochenilles avanceraient trop vite et feraient leur ponte avant la saison où l'on peut poser les nids sans craindre le retour du mauvais temps.

DE LA PONTE ET DE L'ACCROISSEMENT DE L'INSECTE.

On reconnaît que la cochenille est prête à pondre, lorsqu'elle ne prend plus d'accroissement, que tous les anneaux dont elle est composée sont bien tendus, que l'insecte est presque sphérique et que la goutelette de liqueur qu'elle porte à sa partie postérieure passe du rouge clair au rouge très-foncé. On ne tarde pas alors à voir les œufs qui sont d'un rouge intense, ovales, et réunis bout à bout en forme de chapelet, au nombre de 250 à 300. Ce chapelet paraît doué de propriété contractive ; par ce fait il se replie sur lui-même et vient se loger sous les flancs des mères qui sont presque toujours agglomérées, les œufs sont bientôt entièrement cachés par une exudation pulvérulente, de couleur blanche, particulière aux cochenilles adultes et qui leur sert d'enveloppe.

A partir de ce moment les mères commencent à dépérir, puis enfin, lorsqu'elles ne donnent plus signe de vie, qu'elles commencent à se dessécher, les œufs sont éclos, et une nombreuse famille vient leur succéder.

Les jeunes insectes ou larves sont pourvues chacune de six pattes fort longues pour leur grosseur, et de plusieurs filaments qui partent de différents points de leur corps, et qui paraissent leur servir d'arc-boutant pour les aider à se maintenir dans leurs premiers pas.

Pendant dix à quinze jours les jeunes insectes se promènent et semblent explorer minutieusement toute la surface des articles, tendres et duveteux où elles sont comme sur un tapis, et où elles se maintiennent contre les secousses imprimées par le vent ou autres causes, ce qui ne pourrait avoir lieu sur une surface unie. Durant cette pérégrination, les larves grossissent sans cependant qu'elles paraissent prendre de nourriture ; arrivées à ce point, elles se fixent en se réunissant par groupes, alors un tiers de leur nombre environ prennent sensiblement une couleur blanche, s'enveloppent d'une substance pulvérulente qui prend la forme d'un petit cocon percé par un bout, la larve se transforme en chrysalide ; bientôt on voit apparaître par l'ouverture réservée au bout du cocon, deux filets longs et déliés, attachés à la partie postérieure de l'insecte, et dont les fonctions sont de maintenir le cocon ouvert, puis sort à reculons un insecte parfait, au corps élancé, muni de deux ailes, six pattes et de deux antennes, c'est le mâle de la cochenille. Les deux autres tiers des larves sont restés à la même place et ne paraissent pas avoir subi de transformation, seulement elles sont dépouillées de leurs filaments, leur corps est recouvert d'une poussière blanchâtre, il est formé d'anneaux, et de la forme d'un pois allongé, ce sont les cochenilles femelles.

Les mâles sortent joyeux, actifs, pimpants de leurs cocons, ils s'empressent autour des femelles, accomplissent pour plusieurs le vœu de la nature sans avoir pris de nourriture pendant toute la durée de leur existence. Les femelles reçoivent leurs empressements dans la plus parfaite immobilité, déjà elles sont fatalement fixées par leur organe de la nutrition à la place où elles doivent mourir après avoir donné le jour à une nouvelle génération. Cet organe de la nutrition est une trompe ou suçoir de la longueur de 6 à 8 millimètres, de couleur rousse et d'une ténuité presque imperceptible à l'œil nu, il part d'un point saillant entre les deux pattes de devant, et va se perdre dans le tissus cellulaire du nopal, dont l'insecte aspire lentement les sucs ; c'est le seul point d'attache qui l'unisse à la plante, s'il se retire ou s'il se rompt, la cochenille tombe et meurt avant le temps ; ses pattes, disparaissant sous son obésité, ne fonctionnent plus, et il lui est impossible de replanter son suçoir. Lorsque par les signes indiqués ci-dessus, on reconnaît que la cochenille est prête à pondre, il est temps de procéder à la récolte soit pour la reproduction, soit pour la vente.

DE LA RÉCOLTE.

Si l'éducation a été heureuse, et si les insectes garnissent bien les articles et sont égaux en force, ce qui n'a pas toujours lieu pour l'éducation d'hiver, mais ce qui est infaillible pour les éducations d'été, au lieu de faire tomber les cochenilles une à une dans une écuelle à l'aide d'un petit bâton effilé, on étend à terre de chaque côté de la file et au pied des nopals, une toile large de 60 à 80 cent. et d'une longueur indéterminée, sur laquelle on recueille les insectes qui tomberaient. Alors un homme armé du couteau en question coupe tous les articles à l'endroit de leur insertion en commençant par le sommet, il s'arrête au deuxième article au-dessus du sol sur lesquels il ne doit plus y avoir de cochenille ; à mesure qu'il les coupe il les passe à une ou deux autres personnes, qui, armées chacune d'un petit pinceau plat fait en tiges du *ligum sparthum*, herbe qui sert à faire les ouvrages dit de sparterie, font tomber toutes les cochenilles dans une corbeille. Les articles coupés et débarrassés de la cochenille sont enterrés sur place pour engraisser le sol, et les plantes ainsi recépées produisent de nouveaux jets sur lesquels on peut remettre des mères l'année suivante ; de cette manière on a toujours des plantes saines et vigoureuses qui produisent d'abondantes récoltes.

ÉDUCATION D'ÉTÉ.

C'est ordinairement dans le courant de mai que l'on pose les nids pour la première éducation d'été. Si le mauvais temps est venu en sa saison habituelle, on peut être certain que le printemps sera beau ; il faut gouverner la conservation d'hiver en conséquence et faire avancer les cochenilles en découvrant, autant que le temps le permet ; si, au contraire, la fin de l'automne et l'hiver ont été doux, et qu'il ne soit pas tombé la quantité d'eau ordinaire, on peut compter que le mauvais temps se prolongera avant dans le printemps, il faut alors pendant l'hiver laisser couvert, autant que possible, afin de retarder la ponte.

La première éducation d'été se récolte en juillet ; on procède aussitôt à la pose des nids pour la seconde qui se récolte en septembre. On se prépare aussitôt à poser les nids pour l'éducation de conservation d'hiver. Pour obtenir des mères pour garnir une surface donnée au printemps, il faut faire en éducation d'hiver un quart de cette surface, c'est-à-dire que pour cent rangs, par exemple, qu'on se propose de faire au printemps, il faut en garnir vingt-cinq en septembre. Si la réussite est bonne, il y en aura plus que suffisamment, mais il vaut mieux être en mesure de parer aux éventualités. On procède, pour ces éducations, exactement comme pour celle d'hiver, à l'exception qu'il n'est pas nécessaire d'édifier des abris.

PRÉPARATION DE LA COCHENILLE POUR LA RENDRE VENDABLE.

Lorsqu'on a amassé la récolte produite par le travail de deux jours environ, il faut la tuer immédiatement, parce qu'elle ne tarderait pas à pondre et que ce serait autant de déchet sur son poids. On la fait mourir de différentes manières, soit en l'exposant à l'ardeur du soleil, ce qui est trop long et lui laisse le temps de pondre, soit en la mettant au four ce qui la dessèche trop ; le meilleur est de l'asphixier au bain-marie. Pour cela on met les cochenilles dans une corbeille de moyenne dimension, puis on la plonge dans une chaudière d'eau bouillante, le temps seulement pour que toutes les cochenilles soient bien atteintes, puis on l'étend bien mince sur une toile, au soleil, jusqu'à ce que l'humidité dont elle est imprégnée soit absorbée, alors on la rentre dans un endroit à l'ombre, clos, mais fortement aéré, où la cochenille achève de sécher. Lorsque l'on reconnaît que la dessication est complète, on secoue la cochenille dans un crible en peau dont les trous sont assez fins pour qu'elle ne passe pas, seulement pour la débarrasser de la poussière des petits corps qui s'y trouvent mêlés. Après cette opération, on la met dans un sac pour la conserver dans un lieu sec. L'appareil pour étouffer les chrysalides des vers à soie est aussi très-convenable pour asphyxier la cochenille.

MODE D'EXPLOITATION. — ROTATION A SUIVRE.

Il faut se rendre compte en commençant de l'importance que l'on désire donner à sa nopalerie, on divise alors l'étendue du terrain que l'on a résolu d'y consacrer en trois parties dont on plante une chaque année ; la troisième on pose les nids sur la première partie, que l'on recèpe à la récolte ; la deuxième année on fait encore une récolte sur les mêmes plantes : si elles conservent assez de vigueur, on les laisse repousser pour faire une troisième récolte sur la même plante, qui aurait alors duré sept ans, sinon on les remplace la cinquième année en plantant des boutures sur le même terrain ; mais sur l'emplacement qui servait de sentier entre les deux files : on continue ainsi chaque année, et la cinquième on fait deux récoltes, une première sur la plantation faite la troisième année, et une seconde sur celle faite la première, qui, ayant été recépée, produit la deuxième année après.

On divise la récolte sur chaque plantation en trois parties, parce que s'il fallait faire la pose des nids et la récolte en une seule fois sur une plantation du même âge, on aurait trop de main-d'œuvre à la fois, et la réussite serait plus chanceuse ; ce mode serait même impossible, parce que la cochenille n'ayant une existence moyenne que de trois mois et demi à quatre mois, il faut établir une division pour chaque génération. Ainsi, on divise l'ensemble de sa plantation en trois parties formant trois âges différents ; puis on divise l'éducation d'une même année également en trois parties dont celle d'hiver est la moins considérable, comme étant celle qui donne le moins de profit, elle n'a lieu pour ainsi dire que pour la reproduction de l'espèce. On se fera une idée plus complète de la rotation qu'exige cette exploitation et de son prix de revient sur une surface de trois hectares, d'après l'arrangement suivant :

1re ANNÉE.

Doit. Avoir.

N° 1. Labour ou défrichement d'un hectare à 55 ou 60 centimètres de profondeur, un homme fait 10 m. par jour à 2 f. 50 c.   2500

Deuxième labour, même profondeur, un homme fait 25 m. par jour, donc 400 journées à 2 fr. 50 centimes.............   1000

Plantation, 104 journées à 2 fr. 50 c...   260

Entretient pendant un an, un homme toujours..............................   1000

Frais pour la première année...   4760

2e ANNÉE.

N° 2. Plantation d'un second hectare, même dépense que ci-dessus..........   4760

Entretien de la plantation n° 1.......   1000

Achat de petits paniers, 5 par nopal, 89,900, à 30 fr. le mille, ci............   2697

Achat de paillassons, cerceaux, pieux, etc...................................   500

Frais pour la seconde année....   8957

3e ANNÉE.

N° 3. Pose des nids et récolte de la cochenille sur la plantation n. 1, et entretien, trois hommes toute l'année à 1000 francs...............................   3000

Entretien de la plantation n. 2...... .   1000

Plantation d'un troisième hectare....   4760

Frais pour la troisième année..   8760

Première récolte de la plantation n. 1.   19239

4° ANNÉE.

Entretien de la plantation n. 1........   1000
Pose des nids, récolte de la cochenille
sur la plantation n. 2, et entretien......   3000
Entretien de la plantation n. 3........   1000

Frais pour la 4° année........   5000
Récolte sur la plantation n. 2..........   19239

5° ANNÉE.

Entretien de la plantation n° 2........   1000
Pose des nids et récolte sur la plantation n° 3............................   3000
Pose des nids et récolte de la plantation n° 1............................   3000

Frais pour la 5° année........   7000
Récolte de la plantation n° 1..........   19239
    Id.   de la plantation n° 3..........   19239

6° ANNÉE.

Deuxième pose des nids et entretien
de la plantation n° 2................   3000
Entretien de la plantation n° 3......   1000
Remplacement de la plantation n° 1,
2 façons à 1000 fr. chaque plantation...   2260
Entretien de la même............   1000

Frais pour la sixième année.........   7260
Deuxième récolte sur la plantation n° 2.   19239

7° ANNÉE.

Deuxième pose de nids et entretien de
la plantation n° 3..................   3000
Entretien de la plantation n° 1........   1000
Remplacement de la plantation n° 2 et
entretien..........................   3260

Frais pour la 7° année.............   7260
Deuxième récolte sur la plantation n° 3   19239

Totaux........   48.997 115.434

Différence en faveur du bénéfice, au bout de sept années, 66,437 fr.; ce qui donne pour chaque année un profit de 9,776 fr. à celui qui aura pu faire une avance de **22,477 f.** Pour le colon qui n'aura que ses bras et qui aura le secours de sa femme et de ses enfants, il faudra réduire cette proportion des deux tiers, il aura, son travail payé au prix ci-dessus, de bénéfice ou plutôt de rente chaque année, 3,258 fr. 66 c.

En suivant les instructions ci-relatées que j'ai tâché de développer et de rendre claires autant qu'il m'a été possible, on peut être assuré d'obtenir les résultats que je consigne ici.

                    A. HARDY,
Directeur de la Pépinière centrale du Gouvernement.

———

Depuis la rédaction de cette instruction, les essais d'éducation de la cochenille ont été continués sans interruption; le rendement s'est maintenu supérieur à celui qui a été annoncé, et il a été démontré, qu'en aucun cas, le prix de revient ne peut être plus élevé que celui qui a été indiqué et qui a été pris au maximum.

Il n'existe aujourd'hui de différence que sur la valeur du produit, qui a été estimé à 20 fr. le kilo dans le compte de l'exploitation. Des produits ont été vendus sur la place de Marseille au prix de 15 fr. le kilo; et M. Chevreul, professeur, administrateur à la manufacture de tapisseries des Gobelins, qui s'est livré à des expériences comparatives sur la cochenille récoltée à la Pépinière centrale, lui

assigne une valeur intrinsèque de 15 fr. 60 c. le kilo, lorsqu'il s'agira de faire du cramoisi, et de 17 fr. 15 c. s'il
s'agissait de faire de l'écarlate.

Conservant, à titre de renseignement, le prix de 15 fr.
donné par le commerce de Marseille, et maintenant le prix
de revient déjà énoncé, on aura encore de bénéfice net par
hectare 7,419 fr. Quelle production sera jamais plus lucra-
tive ?

L'éducation d'hiver, qui n'est que la conservation des
moyens de reproduction de la cochenille, réussit plus ou
moins complètement, suivant que l'hiver est plus ou moins
long et rigoureux, et que l'exposition est plus ou moins
favorable. Quand cette industrie aura un commencement
d'application, il arrivera que les éducateurs les plus intelligents ou les plus favorisés sous le rapport de l'emplacement, feront une spécialité de l'élève des mères cochenilles
pour la reproduction, qu'ils vendront à la majeure partie
des éleveurs, ainsi que cela se fait dans l'industrie sérici-
cole pour les œufs de vers à soie que chaque éducateur ne
se donne pas la peine de produire, et ainsi qu'on le remarque encore dans les différentes branches de l'agriculture,
où un certain nombre de cultivateurs se chargent de produire les plants et les graines nécessaires aux autres.

A. H.

EXAMEN COMPARATIF

D'UNE COCHENILLE RÉCOLTÉE A ALGER

ET D'UNE COCHENILLE DITE ZACATILLA.

ESSAIS COMPARATIFS DE LA DÉTERMINATION DU POUVOIR QUE LES DEUX COCHENILLES ONT DE COLORER L'EAU.

La cochenille d'Alger perdait moins d'eau que la cochenille Zacatilla, par une température de 100 degrés ; la proportion était de 0,098 à 0,103. La différence est légère, et l'on peut dire que la perte moyenne en nombre rond était de 1 $\frac{1}{10}$'.

Pour déterminer le pouvoir colorant des deux cochenilles, on a tenu un gramme de chacune d'elles, supposée sèche, dans moins de 1 litre d'eau bouillante, et après le refroidissement, on a complété le litre, puis décanté les liqueurs éclaircies.

L'eau de la cochenille d'Alger était d'un rouge plus orangé que l'eau de la Zacatilla, et le ton en était moins intense. Il s'agissait d'en déterminer la différence.

M. Houtou-Labillardière a imaginé de mettre les liqueurs que l'on compare dans deux tubes gradués d'égal diamètre, et placés verticalement dans une boîte allongée dont les parois intérieures sont noires. La lumière arrive à l'œil de l'observateur placé à une ouverture pratiquée dans une des deux parois extrêmes, après avoir traversé les deux tubes au moyen de deux ouvertures placées dans la seconde paroi extrême. S'il y a inégalité dans l'intensité des deux couleurs, intensité que je nomme *ton*, on ajoute de l'eau à la couleur la plus intense, de manière à l'amener au ton de la plus faible; s'il fallait en ajouter un volume égal à celui de la liqueur, par exemple, il est évident que la couleur de cette liqueur aurait le double d'intensité ou de valeur que la couleur de la seconde liqueur.

J'ai démontré, dans mes leçons de chimie appliquée à la teinture, en parlant de cet appareil, que les résultats n'en sont précis qu'autant que les liqueurs comparées ne diffèrent que par le *ton* et non par la *gamme*. Ainsi, quand il s'agit de comparer deux sulfates d'indigo, il ne faut pas que l'un colore l'eau en bleu verdâtre et l'autre en bleu violâtre; pour que l'épreuve puisse être faite sûrement ou facilement, il est nécessaire que la couleu r des deux appartienne à la même *gamme*, qui sera le bleu, ou le bleu d'une même nuance soit verdâtre soit violâtre.

Je rappelle cette observation, parce qu'elle est applicable au cas actuel. C'est pour cette raison que les deux eaux de cochenille n'ont point été comparées dans l'état où elles ont été obtenues; mais que l'eau de cochenille d'Alger a été alcalisée de manière à en rendre la couleur identique à celle de l'eau de cochenille Zaccatilla.

Quatre-vingts mesures de chacune des eaux ont été mises dans les tubes de M. Houtou-Labillardière. Afin d'obtenir l'égalité de ton, il a fallu ajouter 20 mesures d'eau à la cochenille Zaccatilla : donc le pouvoir colorant de celle-ci est au au pouvoir colorant de la cochenille d'Alger : : 100 : 80 : : 5 : 4.

Cette évaluation a été confirmée par les expériences suivantes :

50 centimètres cubes de l'eau de cochenille Zaccatilla ont exigé 21 centimètres cubes d'hydrochlorite de chaux pour perdre leur rouge ;

50 centimètres cubes de l'eau de cochenille d'Alger, n'en ont exigé que 16 c. 75.

Donc, les pouvoirs colorants sont entre eux : : 21 : 16,75 :: 5 : 3,99.

J'ai fait remarquer ailleurs que cette épreuve n'est bonne qu'autant que les matières essayées renferment les mêmes substances, et en des proportions qui ne soient pas très-différentes en général : par la raison que si les principes colorants sont rapidement altérés par l'hydrochlorite, il existe des principes incolores qui sont capables de l'être en même temps. C'est ce que j'ai démontré encore pour l'essai des indigos.

ESSAIS COMPARATIFS DES DEUX COCHENILLES EN TEINTURE.

On a fait deux échantillons d'écarlate avec les deux cochenilles, en employant les proportions suivantes :

Eau.	1,250	grammes
Bitartrate de potasse.	2	—
Composition d'étain.	2	—
Cochenille.	1	—
Laine.	6	—

Après avoir monté la laine aussi haut que possible, on a épuisé chacun des bains de matière colorante au moyen de 2 écheveaux de laine de 6 grammes chacun, qu'on y a passés successivement. Voici les résultats de l'essai, rapportés à mon premier cercle chromatique renfermant 72 grammes, chacune d'elles comprenant 20 tons du blanc au noir. ,

Cochenille Zaccatilla ·

      1re passe 3 1|2 rouge 15e ton.
      2e id.   id.   11e ton.
      3e id.   id.   6e ton.

Cochenille d'Alger :

  4 rouge, 14e ton , c.-à-d. plus orangé, plus vif.
  id.   10e ton, plus rosé, plus gris.
  id.   5e ton,   id.   id.

On a fait des échantillons de cramoisi, en employant les deux cochenilles avec les corps suivants :

Eau.	1,250	grammes.
Bitartrate de potasse.	0,75	—
Alun.	1,50	—
Cochenille.	1	—
Laine.	6	—

Les laines ne montant plus , après une demi-heure de bouillon, dans leurs bains respectifs, on les en a retirées, et dans chacun d'eux on a passé successivement deux écheveaux de laine de 6 grammes chacun. Après ce passage, les bains n'étaient point épuisés comme cela avait lieu pour l'écarlate.

Voici les résultats :

      Cochenille Zaccatilla :

1re passe, 4 violet rouge du 1er cercle chrom. 16e ton.
2e   id.   id.   12e ton.
3e   id.   id.   8e ton.

      Cochenille d'Alger :

2 violet rouge, 13e ton.
3   id.   11e ton, plus gris.
3   id.   3e ton,   id.

RÉSULTAT DES DEUX ÉPREUVES.

La cochenille d'Alger est moins colorante que la cochenille Zaccatilla ; mais la différence est moindre pour l'écarlate que pour le cramoisi

Les expériences suivantes servent de contre-épreuve à cette conclusion. Deux échantillons de cramoisi, préparés en employant 4 de cochenille Zaccatilla et 5 de cochenille d'Alger, étaient tellement semblables, qu'on pouvait, sans erreur, les considérer comme identiques.

Par conséquent, pour cette couleur, la valeur des deux cochenilles est donc bien de 5 : 4.

Deux échantillons d'écarlate, préparés en employant 4 de cochenille Zaccatilla et 5 de cochenille d'Alger, n'étaient pas identiques. Évidemment, on aurait été plus près de l'égalité, en employant moins de 5 de cette dernière cochenille. Ce résultat est donc parfaitement conforme aux premières expériences.

CONCLUSION.

La cochenille Zaccatilla coûtant 19 fr. 50 c. le kilogramme, la valeur de la cochenille d'Alger sera de 15 fr. 60 c. lorsqu'il s'agira de faire du cramoisi. Mais s'il s'agissait de faire de l'écarlate, elle vaudrait 17 fr. 15 c. Maintenant, en prenant une sorte de moyenne, je pense que 16 fr. 35 c. représenterait assez bien le prix du kilogramme.

CONJECTURE.

C'est parce que j'ai été convaincu des avantages que la France pourra retirer tôt ou tard de la conquête de l'Algérie, que je suis entré dans ces détails, relativement aux essais d'un produit qui me paraît devoir être utile aux deux pays, s'il est l'objet d'une exploitation convenable. Je ne doute pas que la qualité n'en soit améliorée avec les soins qu'on apportera à la culture du cactus et l'éducation de la cochenille. C'est cette opinion qui me détermine à soumettre à ceux que ces améliorations tenteraient, quelques conjectures relatives à l'influence que la nature spécifique du cactus peut exercer sur le développement de la matière colorante de la cochenille.

Une idée qui s'est présentée à quelques savants, a été celle de considérer la cochenille comme s'assimilant le principe colorant rouge produit par le *cactus cochinilifer*, lequel se manifeste dans la fleur et dans le fruit qui lui succède. Mais on a objecté à cette opinion que la cochenille se nourrit de la feuille, qui n'est pas rouge, et, en outre, que le même insecte peut se développer non-seulement sur le *cactus opuntia*, dont les fleurs sont jaunes et la pulpe du fruit rouge, mais encore sur la *raquette à fleurs blanches et à fruits blancs ou verts.* S'il n'est pas douteux que la cochenille ne puise pas le principe colorant rouge tout formé dans la plante, d'après les dernières observations que je viens de rapporter, cependant, il pourrait arriver que la cochenille trouvât dans la plante des principes qui deviendraient carmine et principe jaune, par une légère modification, qu'ils subiraient dans le corps de l'animal. Et ne serait-ce pas à une proportion différente de ces deux principes qu'il faudrait attribuer la différence que j'ai signalée entre la cochenille d'Alger et la cochenille Zaccatilla, parce que celle-ci ayant été nourrie sur le *cactus cochinilifer*, n'y aurait pas trouvé autant de la matière qui donne le principe jaune, qu'elle en aurait puisé, suivant ma supposition, dans le *cactus opuntia*, cultivé en Algérie? C'est une simple conjecture; mais je la donne parce qu'elle me paraît conforme à l'analogie qui existe entre les aliments des animaux et les principes immédiats de ceux-ci. Certes, si l'analogie dont je parle n'existait pas, la même espèce d'insecte herbivore pourrait se développer sur des plantes bien plus différentes entre elles que ne le sont celles où elle vit réellement (1).

(Rapport de M. Chevreul, *à l'Académie de Sciences.)*

(1) La cochenille d'Alger, sur laquelle a expérimenté M. Chevreul, a été nourrie sur le cactus cochinilifer; cette cochenille a été récoltée et asphixiée avant la ponte; cette sorte, ordinaire, est toujours moins colorante que la Zaccatilla, mais aussi elle produit beaucoup plus en poids. Voilà l'origine de la différence que signale le savant chimiste.

A. H.

DU COMMERCE DES SANGSUES

ET

DE LEUR MULTIPLICATION EN ALGÉRIE.

Presque tous les marais de l'Algérie, et notamment ceux qui avoisinent Teniet-el-Had, Aumale, Tiaret, Mascara, Sidi-bel-Abbès, Sersou, Constantine, Lacalle, etc., contiennent un nombre considérable de sangsues dont la pêche et l'expédition sur la France, constituent, depuis quelques années, une industrie très-lucrative. Cette industrie, mieux entendue et surtout plus convenablement dirigée, est appelée à prendre un grand développement, et à affranchir, en partie, la métropole du tribut annuel de plus d'un million, qu'elle est actuellement dans l'obligation de payer à l'étranger pour assurer sa consommation. La facilité des transports et les bénéfices de la loi nouvelle sur les franchises des produits indigènes, sont encore de nature à encourager les colons. qui, même avant cela, n'avaient jamais eu de concurrence sérieuse à redouter.

En effet, après avoir successivement épuisé les marais de France, autrefois si riches en sangsues, ainsi que ceux de l'Italie, de la Belgique et de la Hongrie, il faut aujourd'hui aller jusqu'en Turquie, en Syrie même, pour se procurer ces précieux annélides à des prix d'autant plus élevés, que la distance à parcourir est plus considérable. et par-conséquent, la mortalité plus fréquente pendant le trajet.

Le dépeuplement si rapide de toutes ces contrées a pour cause unique, la manière inintelligente avec laquelle la pêche en a été dirigée. — Cette funeste tendance à une exploitation aussi vicieuse en Algérie, doit nécessairement produire avant peu d'années, des résultats semblables, et priver la colonie d'une branche de commerce appelée à prendre rang parmi les plus utiles et les plus fructueuses.

La pêche est, malheureusement, presque uniquement pratiquée par les indigènes, que l'appât du gain pousse à s'emparer sans discernement de tout ce qu'ils peuvent atteindre. C'est ainsi, que les marchés de Coléah et de Bouffarick, sont, à presque toutes les époques de l'année, abondamment pourvus de sangsues dont, un tiers à peine, se compose de sangsues dites *marchandes;* quant au reste, il est constitué par des *filets* et quelques *vaches.*

Ces *filets* auxquels un séjour de deux ou trois années au plus dans les marais naturels, eût permis d'atteindre le développement voulu pour leur emploi, sont absolument rejetés par le commerce et n'ont aucune valeur; d'un autre côté, l'espoir de la reproduction annuelle est détruit par la soustraction des *vaches* presque aussi unanimement rejetées pour leur grosseur, il en résulte que la ruine et le dépeuplement des marais de l'Algérie s'effectuent, sans même atteindre le but proposé.

La pêche, à peu près possible en tout temps en raison de l'élévation suffisante de la température dans toutes les saisons, n'est cependant réellement fructueuse que du mois de mars au mois de septembre, époque à laquelle commencent l'accouplement et la reproduction; il est assez démontré que les *filets* doivent être scrupuleusement respectés; quant aux *vaches,* éminemment propres à la multiplication, leur emploi sera ultérieurement établi.

Les espèces de sangsues connues en Algérie, et susceptibles d'être pêchées, sont :

1° *L'hirudo medicinalis* de Linnée, ou *iatrobdella medicinalis* de Blainville, variété grise et verte.

2° *L'hirudo troctina* de Jonhs, ou *sanguisuga interrupta* de Moquin-Tandon, appelée *dragon* ou *sangsue d'Afrique.*

Les aqueducs et les réservoirs d'eau vive renferment aussi une espèce de sangsue très-commune, c'est *l'hæmopis sanguisuga* de Moq. Tand., *l'hippobdella sanguisuga* de Blainville, ou *sangsue de cheval;* l'absence des dents dans cette espèce, la rend impropre à la médecine ; elle ne peut entamer par la succion que la menbrane muqueuse des animaux, sur laquelle elles se fixe avec tenacité pendant plusieurs jours.

Les colons qui, jusqu'à présent, se sont occupés du commerce de sangsues, ont négligé les dépenses premières, nécessaires pour assurer leur conservation pendant plusieurs mois ; de sorte qu'ils se trouvent dans la nécessité d'expédier sur France immédiatement après l'achat.

Or, le cours de cette marchandise, à Marseille et à Paris, varie considérablement selon les arrivages, à l'époque de la pêche, et l'abondance des produits dont la valeur double même, souvent, pendant les rigueurs de l'hiver.

La construction de quelques bassins ou réservoirs en maçonnerie, constitue cette dépense assez minime, leur dimension qui peut varier selon les besoins, doit être établie dans les proportions suivantes : 1 m. de profondeur, 4 m. de long et 4 m. de large ; la partie inférieure doit être garnie d'une couche de 50 centimètres d'argile ainsi que les parties latérales et de bas en haut, de manière à former sur les côtés, une sorte de plate bande dépassant le niveau de l'eau de quelques centimètres.

24 *

Ce niveau est facilement établi, en pratiquant au tiers supérieur du bassin, une ouverture opposée au point d'introduction de l'eau ; cette ouverture doit être munie d'une fine toile métallique afin de s'opposer à la sortie des sangsues ; l'eau se trouve ainsi incessamment renouvelée ; la quantité peut en être peu considérable, mais, il est essentiel qu'elle ne fasse jamais complètement défaut ; un ou plusieurs autres bassins peuvent être établis à la suite du premier, sur un plan inférieur, et être ainsi, successivement alimentés par cet unique cours d'eau. Chacun de ces réservoirs peut facilement conserver, sans mortalité sensible et pendant plus d'une année, 15 ou 20,000 sangsues disponibles à volonté.

Leur envoi se fait dans des sacs de toile serrée, dans chacun desquels on place un millier d'individus ainsi qu'un volume égal, environ, d'argile réduite en consistance de pâte très-molle ; ces sacs, placés dans une caisse de bois percée de trous, doivent être isolés les uns des autres, à l'aide de couches de mousse humide ; leur transport s'effectue de la sorte, à de grandes distances et sans offrir la moindre chance de mortalité.

La disposition des réservoirs affectés à la reproduction, ne diffère que par l'addition de plantes aquatiques en grand nombre, dont il est indispensable de favoriser la végétation. Les grosses sangsues, dites *vaches*, ainsi que les plus belles choisies dans la catégorie dite *marchande*, sont celles que l'on destine à la reproduction : il est indispensable de les gorger d'une certaine quantité de sang frais, avant de les placer dans les réservoirs à multiplication ; de nombreuses expériences ont démontré de la manière la plus positive que le jeûne trop prolongé est un obstacle à la réussite

Leur nombre dans ces bassins, doit être environ de 12 à 15,000, l'accouplement se fait ordinairement dans le cours du mois de septembre ; il est donc essentiel de les déposer vers la fin du mois d'août. La gestation dure de 26 à 35 jours ; puis, la sangsue se dispose aux préparatifs de la ponte qui consistent dans la formation d'un, quelquefois même, de deux ou trois cocons renfermant les jeunes embryons, dont le développement complet est plus ou moins rapide, selon l'influence extérieure de la température ; la durée de ce temps est, environ, de 30 à 40 jours.

Les plus grandes précautions doivent être prises pendant cette époque, pour éviter qu'une cause accidentelle vienne changer le niveau d'eau qu'il est très-important de conserver. En effet, tous les cocons ont été, sans exception, déposés par les sangsues, dans l'argile des parties latérales du réservoir, mais un peu au-dessus du point d'affleurement de l'eau ; une immersion de quelques heures les exposerait à pourrir en totalité et pourrait enlever ainsi, le fruit de longs et minutieux préparatifs.

Chaque individu produit en moyenne, de 15 à 20 petites sangsues, (chacun sait qu'elles sont hermaphrodites) ; la durée du développement, pour acquérir le poids d'un gramme exigé au minimum par le commerce, est de 2 à 3 années.

Il est urgent, avant la saison des pluies, de les transporter dans un bassin affecté à la conservation, où seront successivement déposés les produits de chaque année, dont le développement sera des animaux favorisés, en leur procurant, de temps à autre, soit du sang de bœuf, ou de toute sorte, pour servir à la nutrition pendant les premiers temps de leur croissance, et qu'on a soin de retirer avant la décomposition putride.

Quant aux grosses sangsues déjà utilisées pour la reproduction, elles sont aptes à remplir, à l'époque de l'accouplement, les mêmes fonctions que l'année précédente, en observant à leur égard les conditions déjà mentionnées.

Le commerce des sangsues, en Algérie, pour être convenablement dirigé, se résume à trois questions capitales et intimement liées entre elles : *la péche, la conservation et la multiplication.*

La première, conduite avec plus de discernement que par le passé, assure à la colonie le monopole d'une industrie, que les moyens de conservation garantissent contre toutes les chances actuelles de pertes occasionnées par la mortalité et l'impossibilité d'attendre le moment favorable pour la vente.

Enfin la reproduction, dont l'application peu dispendieuse n'exige à peu-près que des soins, est appelée à dédommager largement les colons par l'addition et le développement successifs des produits de chaque année.

E. BRAUWERS,

Pharmacien aide-major à l'hôpital du Dey, à Alger.

TABLE DES MATIÈRES.

Pages.

FIN DE LA TABLE DES MATIÈRES.